现代教育建筑设计

中铁建安工程设计院有限公司设计纪实

韩志军 李小军 张清亮 著

中国建筑工业出版社

图书在版编目（CIP）数据

现代教育建筑设计：中铁建安工程设计院有限公司设计纪实/韩志军，李小军，张清亮著．--北京：中国建筑工业出版社，2025.4．--ISBN 978-7-112-31027-2

I.TU244

中国国家版本馆CIP数据核字第2025MQ5121号

责任编辑：张智芊
责任校对：赵　力

现代教育建筑设计　中铁建安工程设计院有限公司设计纪实
韩志军　李小军　张清亮　著

*

中国建筑工业出版社出版、发行（北京海淀三里河路9号）
各地新华书店、建筑书店经销
华之逸品书装设计制版
北京富诚彩色印刷有限公司印刷

*

开本：787毫米×1092毫米　1/16　印张：13¼　字数：233千字
2025年5月第一版　2025年5月第一次印刷
定价：**128.00**元
ISBN 978-7-112-31027-2
（44624）

版权所有　翻印必究
如有内容及印装质量问题，请与本社读者服务中心联系
电话：(010) 58337283　QQ：2885381756
（地址：北京海淀三里河路9号中国建筑工业出版社604室　邮政编码：100037）

本书编委会

顾　　　问：张永鸿　任双宏
全书统筹规划：高力强　王胜娟
参 编 人 员：（以下排名不分先后）

高荣丽	霍月辉	曹明星	刘中平	张军昭	付　杰　何国青
谢　萌	张　迪	王文献	刘　佳	赵鹏程	李英男　郭　柳
庄　猛	牛晓琳	赵二胜	高　力	王锋宇	赵嘉健　封文娜
张　军	靳献龙	张瑞林	王　永	张　钊	王佳伟　刘　思
杜向宁	孙亚丽	井少达	周泽尧	聂　宁	董月彪　姚广睿
张　明	郑学涛	仝奥北	陈志华	林朝东	张占宇　马思宁
崔　帅	周世友	曲　婧	褚慧茹	吴冠飞	赵　冲

其中：
幼儿园及小学部分
王锋宇　王文献　庄　猛　井少达　周泽尧
中学部分
谢　萌　张　迪　刘　佳　孙亚丽
大学部分
王胜娟　刘　思　杜向宁　郭　柳

前言 FOREWORD

在2024年全国教育大会上，习近平总书记指出："要坚持以人民为中心，不断提升教育公共服务的普惠性、可及性、便捷性，让教育改革发展成果更多更公平惠及全体人民""深入实施国家教育数字化战略，扩大优质教育资源受益面，提升终身学习公共服务水平"。

一个孩子的成长，需要很多阶段的教育和培养。首先是家庭教育，即家长有意识地通过自己的言传身教和家庭氛围，对孩子施以一定教育影响的社会活动。家庭教育是对孩子一生影响最深的一种教育，会直接或者间接地影响一个孩子的三观；其次是幼儿园阶段（学前教育），即对3~6岁年龄阶段的儿童所实施的教育，它让孩子开始接受集体的教育，是一个人终身学习的开端，是国民教育体系的重要组成部分。良好的学前教育会给孩子的身心发展，打下坚实的发展基础；再者就是小学、中学阶段的学校教育，核心价值体系融入学校教育的全过程，按照青年学生成长的规律，科学有效地推动孩子走向未来，在丰富多彩的集体生活实践中，促进学生的道德精神发展；大学教育阶段（职业教育），是学生未来就业和参与工作的重要前置阶段，是国民教育体系的重要组成部分，肩负着培养多样化人才、传承未来技能、促进就业创业的重要职责。可见，对于孩子的阶段性素质教育，是不可缺少的。

本书名中的"教育建筑"，在我国还有"校园建筑""学校建筑"等不同称谓。从各类资料看，它们之间似乎区别不大。事实上，也确实存在着相当程度的内涵交叉重叠。"校园"一词多指学校空间维度上的区域或场所，是一定区域范围的概念；而"学校"指以培养人为目的的社会组织机构，是一个集体组织行为；而"教育"，即传道授业解惑为主的文明传承过程，是因传授劳动方法和生活经验而产生的一种文明传承形式。因此，本研究更倾向于使用"教育建筑"一词。同时，按照国家人才培养和教育体系，教育建筑，包括学前、小学、中学（初中和高中）、高等教育阶段，其是为了达到适宜的、完善的传承生活经验和劳动技术的目的而兴建的教育活动场所，其功能配置、建筑规模、空间品质及完善的环境设计，都会直接或间接地影响到学校教育活动的正常开展，关系到学校人才培养的目标。同时，教育建筑不仅仅是传承经验和劳动技术的具象空间载体，还是社会道德、文化素质的思想体现。古有"孟母三迁"之熏陶，其教育环境的重要性对于国家人民教育是不言而喻的。

中铁建安工程设计院有限公司（原石家庄铁道大学设计院），作为高等学府的建筑设计院，已经走过几十年的风雨历程，具有众多教育建筑的设计案例和技术经验。作者有幸，将主持参与的现代教育建筑设计作品案例，进行了系统的专业梳理和剖析总结，希望对教育单位及各位同仁的建筑设计，提供有一些专业借鉴和些许帮助。

因出版时间比较紧张，文中若有写作不当之处，敬请大家给予指正！

石家庄铁道大学
中铁建安工程设计院有限公司

2025 年 5 月 1 日

目录 CONTENTS

PART I
大学篇

- 设计要点 /003
- 设计案例 /014

石家庄铁道大学龙山校区一期工程 /014

石家庄铁道大学基础教学楼 /034

石家庄铁道大学科技实验楼 /038

石家庄铁道大学学生公寓、食堂 /042

石家庄铁道大学融创和活动中心 /048

河北工业大学北辰校区教学科研楼 /054

PART II
中学篇

- 设计要点 /063
- 设计案例 /070

邯郸市第五中学一期工程 /070

巨鹿县科技教育园区 /086

灵寿县职教中心综合教学楼 /092

保定市曲阳县高级中学 /096

灵寿县青同镇初级中学 /099

灵寿县慈峪中学宿舍楼 /102

灵寿县狗台乡初级中学 /104

PART III
小学篇

- 设计要点 /109
- 设计案例 /116

东和嘉园小学 /116
灵寿县大东关小学 /123
灵寿县小东关小学北教学楼 /126
灵寿县北贾良小学 /128
灵寿北关小学教学楼 /130
灵寿大吴庄小学教学楼 /132
灵寿县南营乡团泊口小学 /135
灵寿县青同镇护驾疃小学教学楼 /138
灵寿县塔上镇塔上小学 /140
灵寿县谭庄乡山门口小学教学楼 /144
灵寿县谭庄乡品琪小学 /146
灵寿县三圣院乡同下小学教学楼 /148
石家庄市中华绿园小学 /150
石家庄市水源街小学（万信校区）/153

PART IV
幼儿园篇

- 设计要点 /159
- 设计案例 /166

广东茂名市第三幼儿园 /166
灵寿县松阳第一幼儿园 /174
灵寿县慈峪镇中心幼儿园 /178
赵县秀才营幼儿园 /180
赵县各南幼儿园 /182
衡水中学幼儿园 /185
灵寿县北伍河幼儿园 /188
灵寿县孟托幼儿园 /192
灵寿县寨头中心幼儿园 /195
灵寿县岔头镇西岔头幼儿园 /196
灵寿县狗台中心幼儿园 /199

后记　一所从大学成长起来的设计院 /200

建筑设计案例
Architectural Design Caes

PART I

大学篇
University

设计要点

■ **安全性**

结构稳定：经过结构计算满足建筑能够承受各种自然和正常活动的影响，对比选择耐久稳定的建筑材料。

满足防火要求：设置满足规范的安全出口与逃生通道，选用满足防火要求的装修材料和逃生设施。

防护要求：对低于防护高度的窗台，应从可踏部位顶面设置防护措施；对外廊、室内回廊、内天井、阳台、上人屋面、平台、看台及室外楼梯等临空处应设置防护栏杆，栏杆应以坚固、耐久的材料制作。防护栏杆的高度应从可踏部位顶面起算，设置满足规范高度的防护措施。

■ **舒适性**

充足的采光：利用自然光照明，减少人工照明，同时保证室内光线明亮，有利于学生的视觉发展和活动，并满足现行国家规范所规定的采光设计标准。

良好的通风：确保教室有良好的通风系统，保持室内空气清新，满足规范所要求的换气次数与新风量的要求。

■ **可持续性**

绿色建材：选择可再生、环保的建筑材料，减少对环境的影响。

节能设计：采用节能的照明和空调系统，降低能耗；适当减小体形系数与不必要的装饰构件，减少建筑耗能的增加；合理利用太阳能、风能等可再生能源，提高能源利用效率。

提高能源利用效率：建造节水设施，如雨水收集系统等，提高水资源的利用效率。

1. 分类方式（表1-1）

四种分类方式　　　　　　　　　　　　　　　　表1-1

分类依据	学校类别
按发展定位	研究型、研究教学型、教学研究型、教学型、专业型
按学科类型	综合大学、理工院校、师范院校、财经院校、政法院校、医药院校、外语院校、农林院校、体育院校、艺术院校
按与城市的关系	城市集中型、城市分散型、郊区型
按规模	小型规模校园（对应学生数大致在5000人以下） 中型规模校园（对应学生数大致为5001~10000人） 大型规模校园（对应学生数大致为10001~20000人） 特大规模校园（对应学生数大致在20001人以上）

2. 总体选址与规划

1）校址选择原则（表1-2）

①选址宜与周边高校相对集中。
②有利于学校-社区-社会的互利互补。
③生态自然环境优良，远离污染源。
④合理配置土地资源，可利用丘陵山坡。
⑤有可持续发展的空间。
⑥有良好的社会文化基础。

校园选址原则　　　　　　　　　　　　　　　　表1-2

类型	定义	规模	特点	实例
独立选址	选址与本部分离，与其他大学校园不相邻。适用于新校区建设、老校区扩展或者整体校区搬迁	用地规模完整，相对中等或者较大	①校区内部功能较为完善：并与周边规划形成互补；②应较为注重自身校内空间的营造	①山东大学青岛校区；②上海大学宝山校区
毗邻选址	选址与老校区相邻。适用于老校区扩建发展	用地规模相对中等或者较小	①新老校区之间易建立紧密联系；②应注重两区间功能的整合和空间的一体化设计	①浙江大学紫金港校区西区；②天津科技大学泰达校区东区
集聚选址	选址与周边其他校园聚集。适用于大学城建设或者相近学科校园之间因资源共享的共同选址	用地规模相对中等	①多个校园间形成集聚效应，促进资源共享；②应注重各校园功能间互动、互补	①广州华南理工大学大学城校区；②天津南开大学津南校区

2)总体布局

(1)功能组成(表1-3、图1-1)

功能组成 表1-3

功能组成	定义与简介
教学科研	大学校园的主体部分,是师生教学、科研、学术交流与课余学习的场所,包括教学楼、实验楼、图书馆、校系行政楼、礼堂、讲堂、报告厅等建筑。随着大学校园自身的发展和教育理念的演变,出现了学术中心、展览中心、科研楼、计算机中心、视听中心等较新功能的建筑
学生生活	学生课余休息、娱乐的主要场所,包括学生宿舍、公寓、学生活动中心、学生食堂、浴室、商店等生活设施及部分户外活动场地
体育运动	进行体育教学与学生课余体育锻炼的主要场所,包括体育用地和场馆。体育用地主要包括:田径场(标准、非标准)、篮球场、排球场、网球场、室外器械场地(单杠、双杠、吊环等)、游泳池等;场馆主要包括:综合体育馆、篮球馆、游泳馆、风雨操场等
后勤服务	为教学、科研及师生生活提供全面服务保障的场所,包括车库、医院、招待所、邮局、后勤供应管理机构、校办工厂、技术劳动开发中心、"三废"处理室、各类仓库,以及水、热、电和各种特殊气体供应室等服务设施
科技产业	部分大学校园与科技工业园区相结合的产物,它将传统校园中一部分实验与科研功能剥离出来,与社会化产业相结合,形成一个相对独立完善的区域
教工生活	部分高校的青年教师周转房小区,包括青年教师周转房、福利设施及其附属用房等

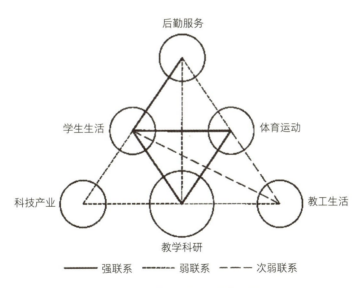

图1-1 各功能组成关系示意图

(2) 常见校园总体结构模式（表1-4）

常见校园总体结构模式 表1-4

类型		特点及优缺点	示意图
品字形	布局模式	基于校园步行尺度控制的原则，把教学、宿舍、体育场所三者呈品字形布置，各区之间紧密联系	
	特点	①布局紧凑，各区形成一字形结构，往返便捷； ②三个功能区域之间能同时紧密联系； ③适用于规模相对中等或偏小的用地	
复合品字形	布局模式	教学与宿舍、体育场所之间基于品字形联系形成多重的品字形结构	
	特点	①教学分别与宿舍和体育场所形成多个品字形结构，各区之间往返便捷； ②教学与各个区域联系紧密； ③适合于相对较大规模的用地	
组团形	布局模式	教学（主要指由学科院系组成的教学科研区）、宿舍与体育场所形成明确的组团，由若干组团构成整个校园结构	
	特点	①校园形成若干个尺度较小的组团； ②各个组团内部功能完整，联系紧密； ③适合于相对较大规模的用地	
圈层形	布局模式	教学位于校园中心，其他各区呈环状围绕教学布置，呈辐射状向外发展	
	特点	①教学与宿舍、体育场所可成分组的、层圈式布置； ②中央教学一般为公共教学或者共享设施； ③适合于相对中等偏大规模要求的用地	
带形	布局模式	教学呈带状布置，沿轴线向一侧或两侧发展，其他区域与其平行布置	
	特点	①教学与其他区域平行发展，往返距离短； ②教学呈带形，与其他各个功能区域都可产生直接联系； ③较适合形状修长的地块	

注：▨校级平台，▥教学，▨宿舍，▢体育，▷发展方向。

(3) 交通规划

①车行交通规划

校园车行交通较城市车行交通具有以下特点：机动车的流量较小；机动车行驶速度较慢；非机动车流量较大。

车行交通规划要点：应注意在安全的基础上，达到便捷可达、通而不畅、顺而不穿的目标，避免人流与车流的交叉。

校园车行道路布局形态如表1-5所示。

校园车行道路布局形态　　　　　　表1-5

网络式	环式	分支式	综合式
形式上形成网格肌理，通过交叉的道路划分地块。利于形成校园的网格生长格局，利于车辆直达建筑，有较大的车辆通行量。设计需避免形式单调、空间识别性差及交叉口对步行系统的干扰	外环为车行，中心常为步行，是校园规划较多采用的一种车行路布置形式。利于人车分流，但当环形过大时，往往会使道路的可达性减弱。设计时需保持较好的交通可达性	以一条或几条干道形成交通脊，然后分支到各个分区。主次分明，利于车辆直达建筑。但主道路占据中心，易造成交通压力大、人车混行等问题。常用于狭长的地形	利用网络式、环式、分支式的各自优点，加以综合运用的道路网形式。兼顾各自优点，具有很好的适应性。这种交通方式是较为常见的一种

②步行交通规划

步行是校园主要的交通方式（表1-6），校园步行交通具有以下特点：上下课时大量人流的"阵发性"；换课时间不同人流的"交错性"；步行空间的多样性。步行交通规划要点：

大学校园步行空间类型　　　　　　表1-6

类型	定义	设计要点
局部步行道	大学校园内某一段专用于人行走的道路	宜与校园步行系统有良好的连接；若为限时步行道，需考虑车辆易穿越
区域间线性步行道	用于联系校园各个功能区域，是校园步行最为常见的一种	综合考虑短距离往返便捷等客观因素；线性步行道路还应注重良好的校园空间体验
步行区域	校园中以步行交通为主要方式，且一般不允许机动车通行的区域	根据人的步行合理范围、空间尺度等确定区域大小；注重步行区域的舒适性和可参与性

充分考虑交通安全、路径连贯、到达便捷；遵循步行优先、距离适宜、人流与车流互不冲突的原则；结合校园绿化景观系统布置。

3）教学科研区规划

（1）功能构成要素

教学科研区主要包括公共教学区（楼）、公共实验区（楼），以及院（系）楼、图书馆、行政楼礼堂、讲堂、报告厅等（表1-7）。

教学科研区构成要素一览表　　　　　　　　　　表1-7

类型	功能	形式
公共教学区	进行公共基础教学的区域。包括一般教室、制图教室、阶梯教室及附属用房等	一般靠近图书馆、公共实验区、院系学院区，避免噪声、气体的干扰。单体一般采用走道式的空间组合方式
公共实验区	进行公共实验教学的区域。包括公共和专业基础实验室、语音室等用房，按学科含物理、化工、材料、生物、信息与计算机、声学等专业实验室	一般靠近图书馆、公共教学区、院系学院区，避免噪声、气体的干扰。单体一般采用走道式的空间组合方式
院系学院区	是为一个或几个院系设置的区域。包括院系行政用房、教师办公用房、师生研究用房、专业实验室、专业课教室、报告厅及辅助房间	一般布置在教学科研区，靠近学生生活区和体育运动区，多毗邻公共教学区、院系实验区
教学辅助用房	非主要教学场所，是对主要教学区的重要补充。一般包括图书馆、礼堂、讲堂、报告厅等	一般与公共教学区、公共实验区、院系学院区结合或毗邻，独立布置，图书馆、行政楼往往单独成栋

（2）功能组织方式（图1-2）

①功能分区式特点：按照功能特征将教学中心区分为公共教学区、公共实验区及院系学院区三大功能区。分区明确，相互间的干扰较少，管理方便。在规模增大时，各区联系不紧密，空间灵活性较差。

②学科分区式特点：按照学科大类将中心教学设施分为理、工、农、医四大类，并分别形成组团。便于有效实现相关系科之间的资源共享。结构较松散，无明确中心，难免重复建设。

③混合分区式特点：各教学设施不按特定功能和类别聚合，而是相互穿插融合，具有较强的空间灵活性。校园空间复合多样，交通组织灵活便捷，建筑利用率较高。功能多元，流线交错，易相互干扰。

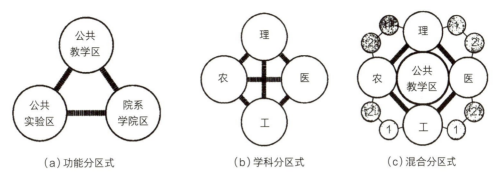

图1-2 功能组织方式

(3) 公共教学楼

①公共教学楼是高等院校进行公共基础教学的建筑。普通院校公共教学楼的主要功能包括各种一般教室(中小教室、合班教室、阶梯教室)、制图教室及附属用房等。艺术院校公共教学楼的主要功能包括公共基础课(文化课)教室、专业基础课教室、专业课教室(琴房、形体房、画室、各种中小型排练用房等)及附属用房。

②学校根据教学要求,确定各类教室的配置比例。每层应设教师休息室。附属用房包括管理室、卫生间、饮水间、贮藏室等。

③空间组合方式一般采用走道式。走道式分为外廊式、内廊式和双廊式。以走道式为基础,还可产生院落式、单元式等组合方式。

④适当利用建筑形体转折和变化,结合走道组织休息交往空间。

(4) 院系学院楼

院系学院楼主要包括院系行政用房、教师办公用房、师生研究用房、专业实验室、专业课教室及辅助房间,供本院系独立调配使用。

①功能构成(表1-8)

院系学院楼的功能构成　　　表1-8

房间分类	功能分区
办公	行政管理、接待
研究	研究室、工作室、资料室
专业教学	绘图教室、美术教室、多媒体教室、语音教室、计算机房等
实验	专业实验用房、重点实验室
公共交流	会议与研讨厅、报告厅、展厅、陈列厅
辅助	门厅、门卫、卫生间、设备用房等

②选址（图1-3）

院系学院楼应布置在教学科研区，一般与公共教学、实验区成组团布置，学生可以方便地来往于各个教室，且宜靠近学生生活区和体育运动区。

③空间结构

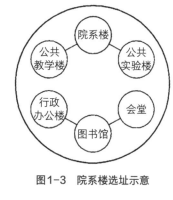

图1-3 院系楼选址示意

院系学院楼一般由公共空间、大型教室、实验室等大空间，以及研究办公等小空间组合而成。

根据他们不同的组合关系可以分为以下几大类（图1-4）。

（a）竖向结构：公共空间，以及专业教室或实验室等大空间位于低区；办公、研究室等私密的小空间位于高区垂直布局。

（b）线性结构：公共空间及公共教室等大空间组成主楼，办公、研究等小空间呈行列式均匀分布，沿主楼方向布置。

（c）单元式结构：大空间及多个小空间形成单元，联系公共空间四周。

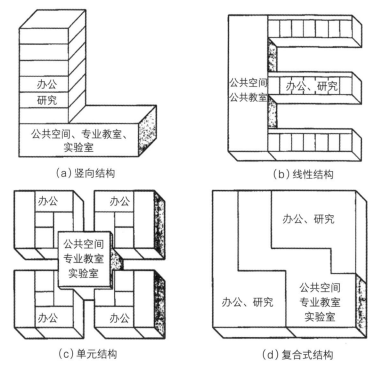

图1-4 院系学院楼空间结构

（d）复合式结构：含多种结构类型，公共空间具有很强的共享性。

(5) 综合型教学建筑

综合型教学建筑是指除了教学功能外，另具一种或数种使用功能的教学建筑。它与现代高等教育呈现出的多元化、综合化、信息化、国际化、生态化、产学研一体化等特征是密不可分的。该类建筑通常体量较大，多种功能集成，空间复合，可提高土地使用率，实现资源共享，加强师生交流及学科交流等。

①功能构成（表1-9）

综合型教学建筑的种类及功能构成　　　　　表1-9

种类	主体功能	其他功能
教学实验楼	教学、实验	办公
教学办公楼	教学、办公	报告厅
教学科研楼	教学、实验、研究室	办公、阅览、报告厅
研究生院	教学、研究室、办公、展示	阅览、报告厅
留学生院	教学、办公、展示、报告厅	阅览、宿舍、餐厅
院系楼	教学、实验、研究室、办公	阅览、展示、报告厅
多院系综合楼	多个院系	图文信息、档案馆、学术交流

②交通组织

根据功能布局要求，交通组织主要有横向、竖向、混合等几种模式（图1-5）。

横向模式：各功能区交通主要依赖于走道、中庭、院落、广场、内街等。

竖向模式：各功能区交通主要依赖于楼梯、电梯、台阶、坡道、下沉式庭院等。

混合模式：各功能区同时沿水平向和竖直向布置，要注意做好楼内不同功能区人流的出入口、导向及分流，增强各区域的识别性，并应安排好人流和货流的进出及流线。如果场地有一定高差，可在不同的标高和部位，设置人流及货流的出入口，实现立体交通、人车分流。

（a）横向模式

（b）竖向模式

（c）混合模式

图1-5　交通组织模式

③公共空间

综合型教学建筑有着集约、共享、复合等使用特点,为了促进知识的交流与传播,增强人与人之间多维度的交往,其公共空间的设计可结合中庭、边庭、空中花园、庭院、内街、露台、下沉式庭院、架空空间、广场等,将阳光、空气、绿化、水景等自然之物引入室内。并可置入一些其他的功能空间,如报告厅、书店、交流厅、咖啡厅等,借助跃层、错层、架空、悬吊、出挑、楼中楼等手法,以丰富公共空间的层次,营造出不同的氛围(图1-6)。

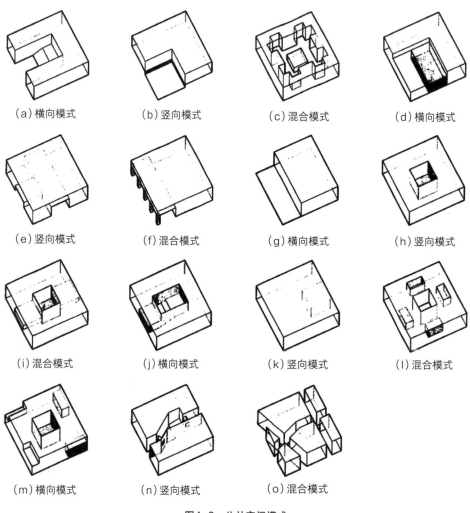

图1-6 公共空间模式

4）学生生活区规划

(1) 基本组成（表1-10）

学生生活区组成　　　　　　表1-10

类别	功能	形式
学生宿舍	满足学生住宿需求的室内空间	多层或高层建筑，主要为通廊式或单元式，常由多栋组成
学生食堂	满足宿舍区及周边学生与教职工就餐需求的室内空间	单栋多层建筑为主
学生活动中心	满足学生进行各类课余活动的室内空间	单栋多层建筑为主
生活服务设施	满足宿舍区及周边学生与教职工其他生活服务需求的室内空间	常分散布置在宿舍区，并附设于宿舍食堂及学生活动中心等建筑内
运动场地	满足宿舍区及周边学生与教职工日常运动的场地与设施	以室外运动场地为主

注：生活服务设施主要包括小超市、书店、文印店、花店、水果店、眼镜店、银行、咖啡吧、网吧、照相馆、理发店、浴室、洗衣房、缝纫房等。

(2) 功能组合方式

学生生活区以宿舍为主体，以食堂和活动中心为核心；室外运动场地则多布置在生活区的周边空地；生活服务设施多按需散布在宿舍、食堂等建筑中。学生街模式将生活服务设施相对集中布置，形成服务一条街（图1-7）。

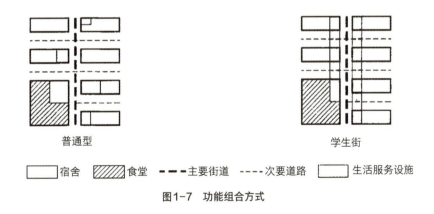

图1-7　功能组合方式

设计案例

石家庄铁道大学龙山校区一期工程

项目地点：元氏县石家庄铁道大学龙山校区
设计时间：2018年
用地面积：646400.00m²
建筑面积：357040.00m²
设计阶段：施工图设计

鸟瞰效果图

工程建设地点位于石家庄市元氏县省级旅游名山封龙山脚下的山前。

建设内容为一期用地红线范围内的建筑、结构、给水排水、电气、暖通专业设计及室外工程设计。

建筑单体包括行政综合楼、2A学生宿舍组团、2B学生宿舍组团、2C学生宿舍组团、食堂综合楼、后勤服务中心、公共教学楼组团、看台。

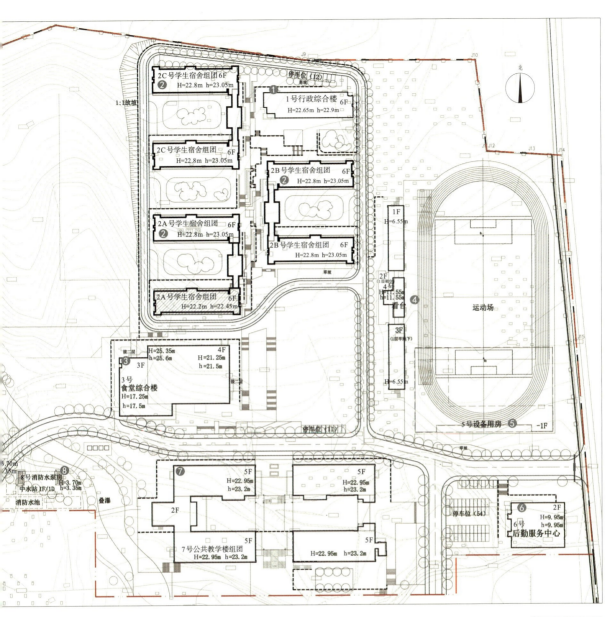

一期工程总平面图

1. 行政综合楼　2. 学生宿舍组团
3. 食堂综合楼　4. 看台
5. 设备用房　　6. 后勤服务中心
7. 公共教学楼组团　8. 消防水泵房

学生宿舍组团效果图

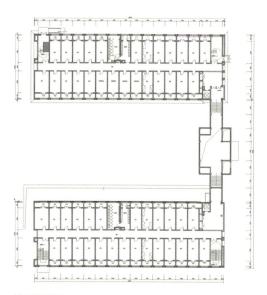

首层平面图

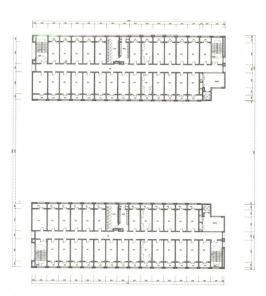

标准层平面图

食堂综合楼效果图

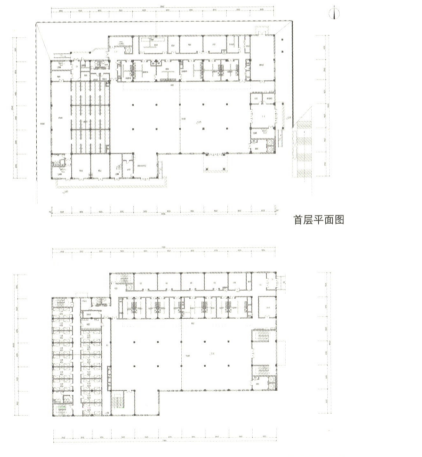

首层平面图

标准层平面图

后勤服务中心效果图

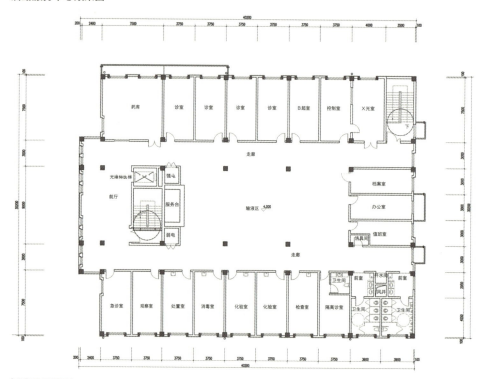

标准层平面图

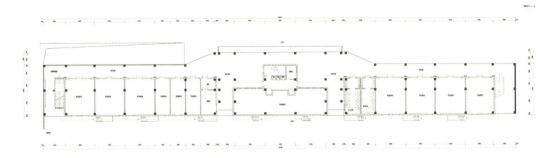

首层平面图

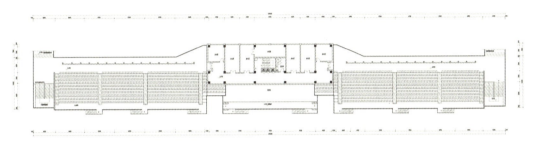

二层平面图

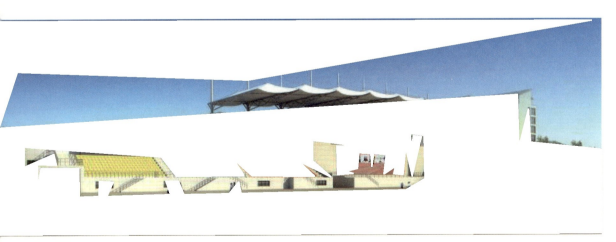

看台效果图

公共教学楼，地上共五层，框架结构，总建筑面积27993.53m²，建筑高度22.95m。该建筑形态是由四个体块通过连廊围合成的庭院式建筑，建筑功能主要为教学用房，内设大、中、小型教室，教师休息室，报告厅及附属用房。

建筑设计按照河北省《绿色建筑评价标准》DB13(J)/T 113—2015三星级设计标准进行设计。

该项目于2021年3月获得河北省三星级绿色建筑设计标识证书。

公共教学楼组团效果图

公共教学楼组团效果图

公共教学楼庭院效果图

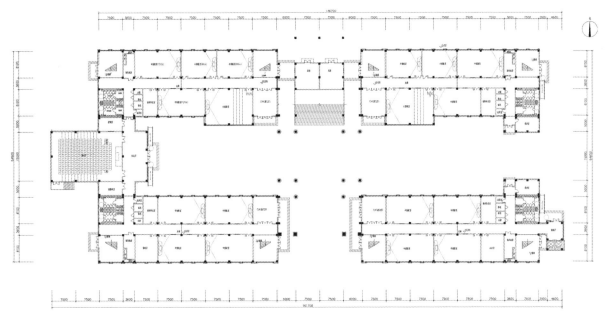

首层平面图

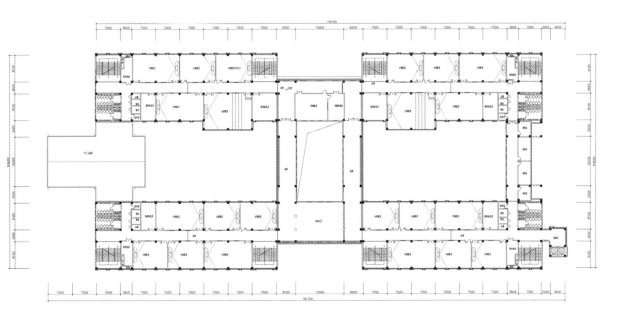

标准层平面图

公共教学楼组团现场照片

三星级绿色建筑设计标识证书

公共教学楼组团——河北省三星级绿色建筑设计标识证书

■ 公共教学楼组团——
  创新性及关键技术

创新点1：地源热泵

空调冷热源接自校区冷热源机房，供暖空调冷热源机房设于操场下设备房，机房冬季提供40~45℃供暖空调热水，夏季提供7~12℃空调冷水。

地源换热器的设计有效深度为120m，钻孔间距为4m，单位井夏季散热量54.2W/m³，冬季取热量40.3W/m³。校区总打井数量为1923口，室外每个分集水器处设检修井，检修井内设集、分水器及相应阀件，水平集管埋深-1.50m，通过集管连接到机房内。

创新点1：土壤源换热器井位布置图

创新点2：能耗监测平台

创新点2：能耗监测平台

教学楼的能耗数据上传至校园节能监测平台，在后勤服务中心监控室可以实时监测采集，按照用电分项计量原则对用电量进行监测。

管理人员可随时通过校园网对本项目能耗进行实时监测，且校园能耗监测平台会形成逐日、逐月的数据分析结果。

■ 公共教学楼组团——
创新性及关键技术

创新点3：公共教学楼BIM技术模型

在建筑设计全过程进行BIM技术的应用，利用BIM技术对建筑综合管线进行优化，合理布局管线排布，提升空间使用效率。

在主要功能房间及人员密集场所现场采购新风机组，设有初效、中效过滤段。通过BIM技术的使用，可视化模拟设计方案，对方案进行空间布局、功能排布、环境模拟、工程量优化等方面的详细分析，提高项目的可行性，科学性。将BIM施工模型进行完整的交付，为施工及后续运营提供数据支持。

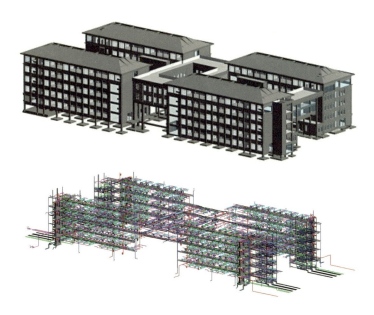

创新点3：公共教学楼BIM技术模型

创新点4：海绵城市与节水灌溉

创新点4：海绵城市与节水灌溉

项目雨水室外配套建设绿地、小花园、可渗透路面，室外人行道、停车场和广场等均采用渗透性铺面。

雨水通过这些"海绵体"下渗、滞蓄、净化、回用。校区内生活污废水经中水处理站处理后形成中水，用于绿化灌溉和道路浇洒。项目采用微喷灌，有效节约灌溉用水。

■ 公共教学楼组团——
创新性及关键技术

创新点5：良好通风环境

优化建筑布局，建筑呈"回"字形布局，气流进入项目周边，有利于对项目室外散热和污染物的消散。

夏季平均风速下，项目周围无明显的气流死区，流场均匀，有效改善室外通风。

距楼面1.5m的流场分布均匀，位于南侧和北侧的各教室通风良好，均能形成穿堂风。

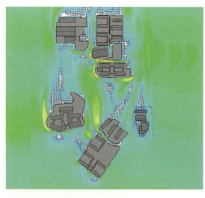
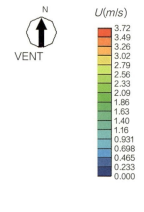

创新点5：夏季风速矢量图

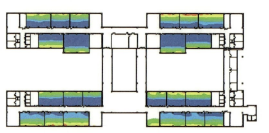

创新点6：主要功能教室空间采光图

创新点6：自然采光

根据建筑的功能用途、外形等特点，采用主动与被动采光相结合的方式，改善室内大堂、教室的采光进深和均匀度，通过加设窗帘等避免眩光。

公共教学楼组团——创新性及关键技术

创新点7：室内温控

内设风机盘管系统。风机盘管采用卧式暗装，采用侧送风和顶送风两种形式。空调水系统采用两管制定水量系统。立管为异程式，各层水平干管为同程式，各层回水干管安装手动平衡阀用于系统初调节。末端采用风机盘管系统，每个房间设有控制面板，方便调节。

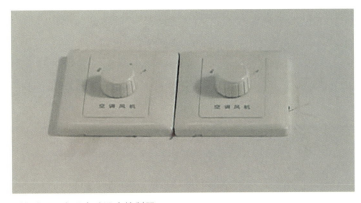

创新点7：空调自动温度控制器

创新点8：空气品质

通过对室内污染物的现场检测，室内游离甲醛、苯、氨、氡、TVOC等空气污染物浓度，均符合现行国家标准《民用建筑工程室内环境污染控制标准》GB 50325—2020中的有关规定。

创新点8：地源热泵机房

■ 校园风光

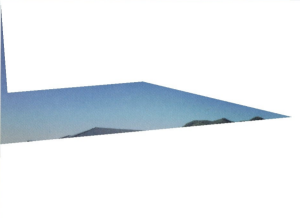

公共教学楼组团

食堂综合楼、学生宿舍组团

看台、运动场

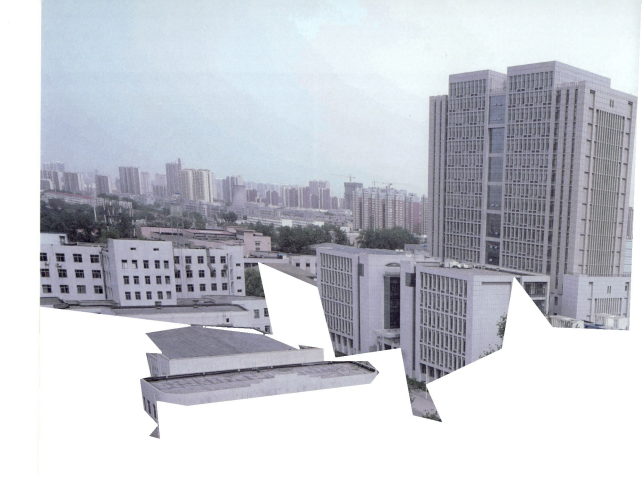

石家庄铁道大学基础教学楼

项目地点：石家庄铁道大学校内
设计时间：2018年
用地面积：10090.00m²
建筑面积：49166.29m²
设计阶段：施工图设计

本工程为石家庄铁道学院基础教学楼，为19层框架剪力墙结构，局部为6层，框架结构。

本工程建筑外装修为黄色氟碳漆（保温一体板），局部为干挂花岗石及乳胶漆涂料，颜色和周围环境协调。

实景拍摄图

人视效果图

大学篇

035

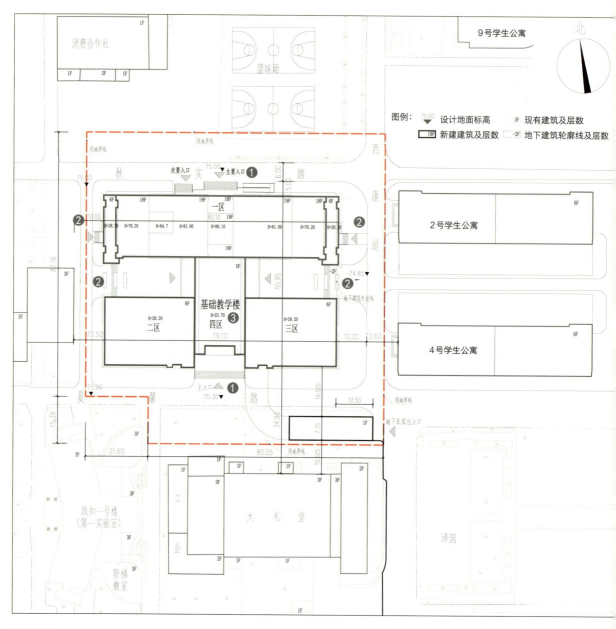

总平面图

❶ 主要出入口　❷ 次要出入口　❸ 基础教学楼

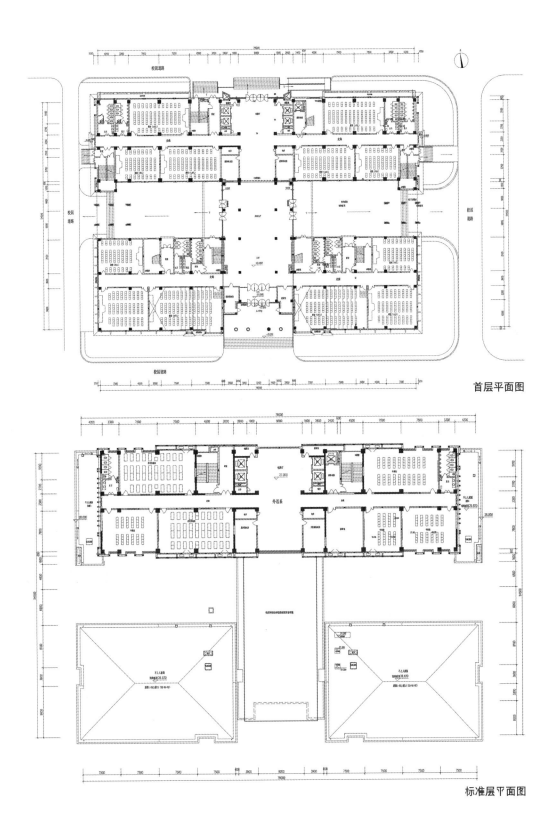

首层平面图

标准层平面图

大学篇

037

石家庄铁道大学科技实验楼

项目地点：石家庄铁道大学校园西南角
设计时间：2018年
用地面积：26620.00m²
建筑面积：55769.00m²
设计阶段：方案设计

沿街效果图

南侧人视效果图

北侧人视效果图

项目建设场地位于石家庄铁道大学主校区西南角。新建科技实验楼紧邻现有风洞实验室，将现有风洞实验室增至四层，作为主楼的裙房部分，基底面积总计为4232m²。总建筑面积57769m²，其中地下建筑面积4980m²，地上建筑面积52789m²。

该建筑为地上23层，局部15层，地下2层。地下1层及地下2层的功能主要为人防工程和设备用房，战时为人防工程的房间，平时主要功能为库房，1层至23层的主要功能房间为实训室、教研室。

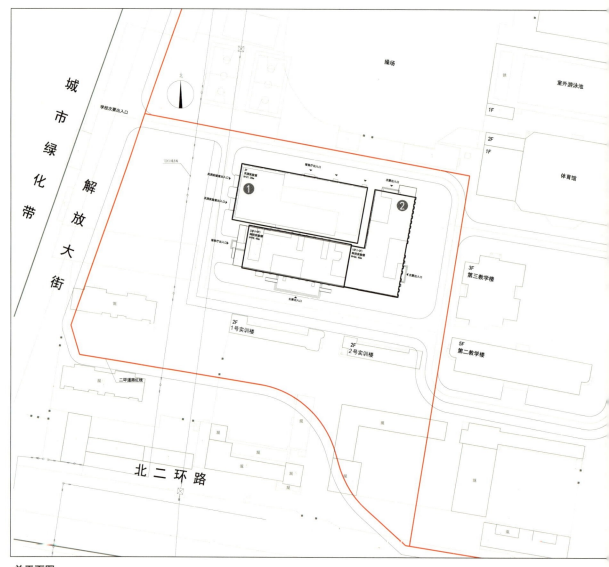

总平面图

❶ 风洞实验室　❷ 科技实验楼

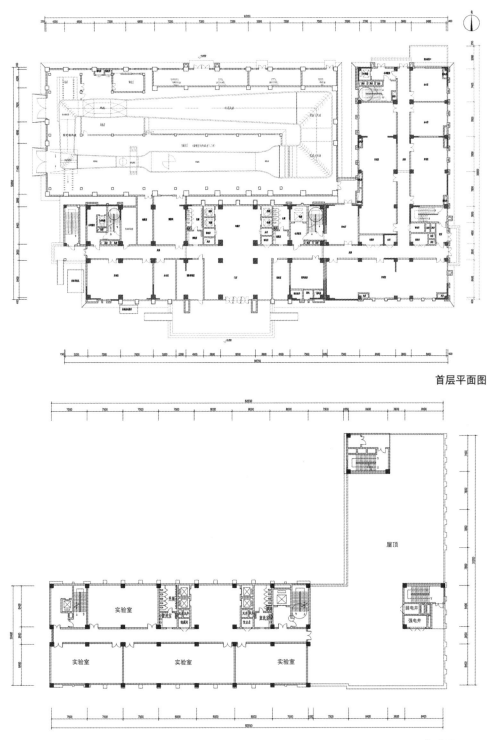

首层平面图

标准层平面图

鸟瞰效果图

石家庄铁道大学学生公寓、食堂

项目地点：石家庄铁道大学校园西南部
设计时间：2020年
建筑面积：81360.00m²
设计阶段：方案、施工图设计

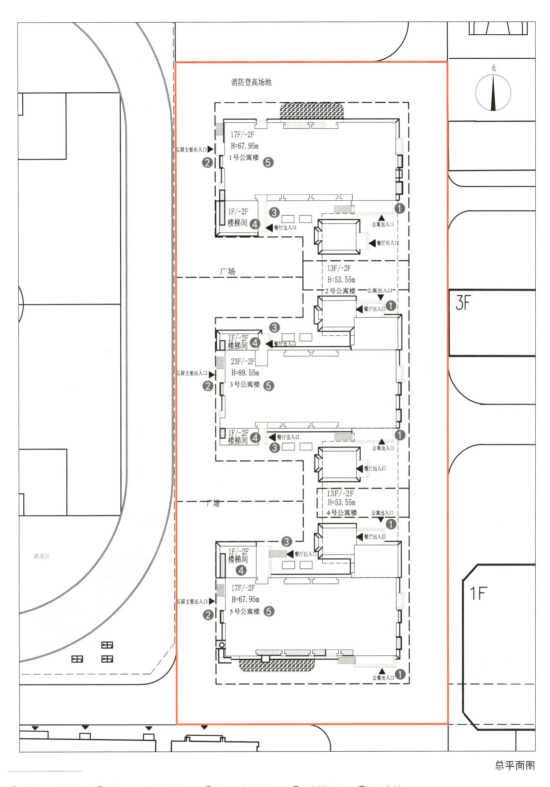

① 公寓出入口　② 后厨主要出入口　③ 餐厅出入口　④ 楼梯间　⑤ 公寓楼

总平面图

人视效果图

石家庄铁道大学学生公寓、食堂项目，地上学生公寓建筑面积为71080.00m^2，南北楼由北至南依次为17层、23层、17层，连楼部分为15层。地下一层为食堂，地下二层战时为人防工程，平时为活动室，地下总建筑面积为10280.00m^2。

宿舍楼主楼部分采用中间走廊两侧房间的布局模式，整体平面呈"E"字形。电梯设置在南北向建筑上，每栋建筑设置5部电梯，每个标准层共设置8部楼梯，楼梯疏散宽度共计10.40m，学生人数为450人，疏散宽度及疏散距离均满足要求。

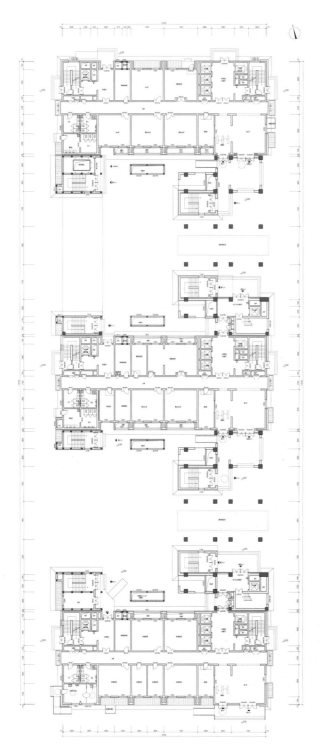

首层平面图

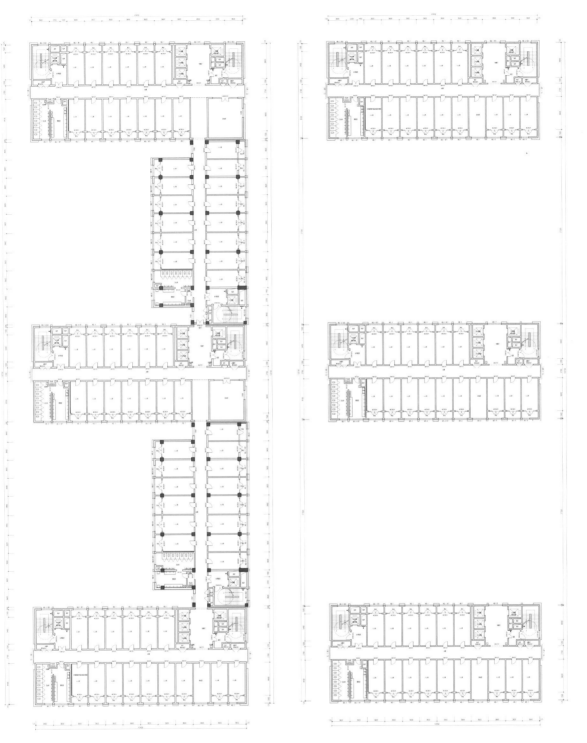

二层至十五层平面图　　二十层平面图

人视效果图

石家庄铁道大学融创和活动中心

项目地点：石家庄铁道大学西部
设计时间：2024年
建筑面积：20500.00m²
设计阶段：方案、施工图设计

本建筑南侧为"融合创新活动中心"等大空间集合，构成了多层裙房，北侧为"就业指导""实验研究室"等相近功能的集合，构成了板式高层建筑物。

裙房平面近似为正方形，高层部分为东西向为主立面的竖直方向的板楼，裙房和板式高层南北相接，平面上构成了"L"形的形态。

下沉庭院效果图

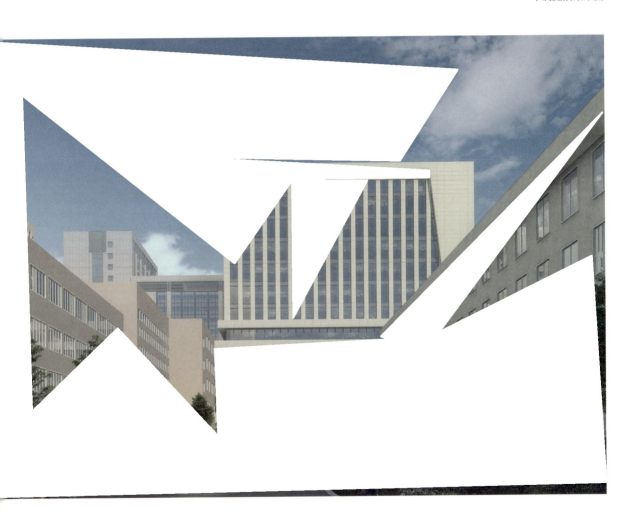

夜景人视效果图

南侧沿街人视效果图

总平面图

❶ 主要出入口   ❷ 融创活动中心

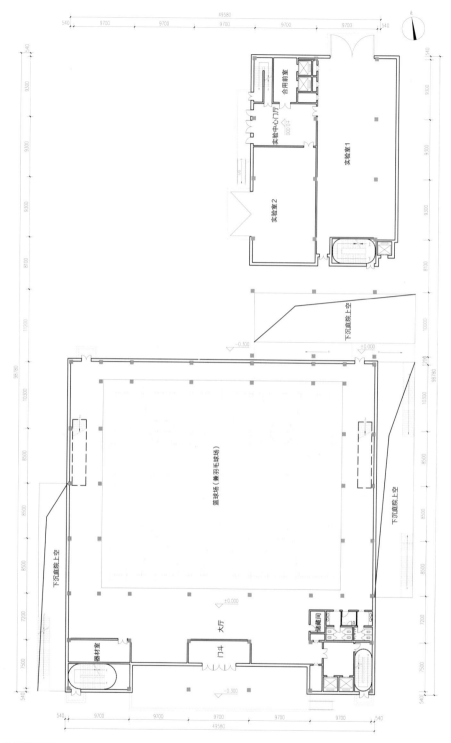

首层平面图

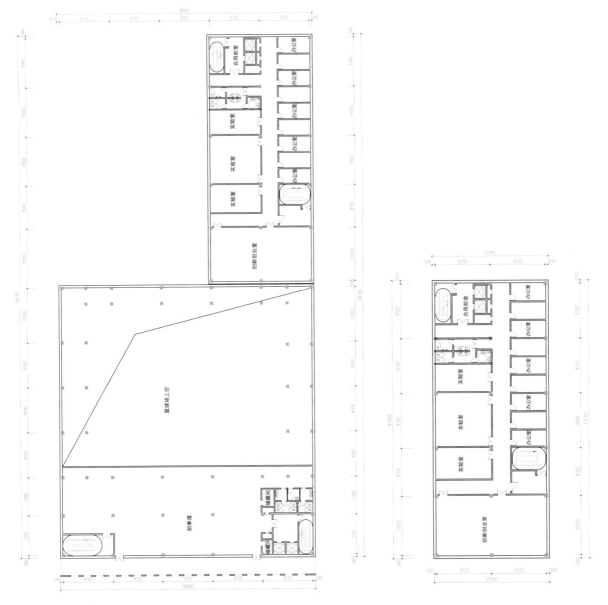

标准层平面图

局部层平面图

鸟瞰效果图

河北工业大学北辰校区教学科研楼

项目地点： 河北工业大学北辰校区内
设计时间： 2018年
建筑面积： 22000.00m²
设计阶段： 方案、施工图设计

项目为河北工业大学北辰校区教学科研楼，东侧为现有节能实验中心，西邻元光路、南侧为在建海洋学院、北侧为博学道。

项目地上六层，建筑高度为23.95m，建筑面积为22000.00m²。设计理念为传统的"庭院"形态，彰显团结向心、凝聚之精神，为河北工业大学师生营造人性化、高效、舒适的学习及科研场所。

尊重原有校园总体规划设计方案，建筑外立面效果与周边建筑外立面风格统一，使其更好地融入校园整体建筑中。

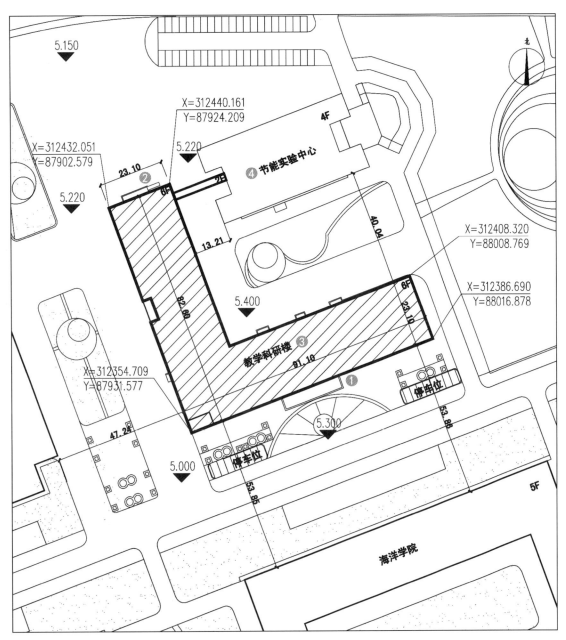

总平面图

① 主要出入口　② 次要出入口　③ 教学科研楼　④ 节能实验中心

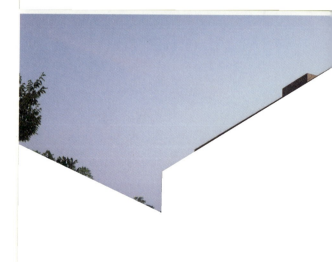

人视效果图

人视效果图

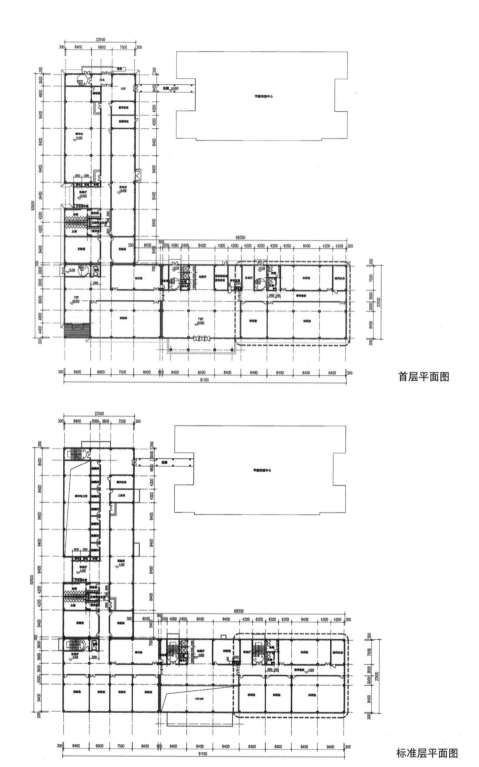

首层平面图

标准层平面图

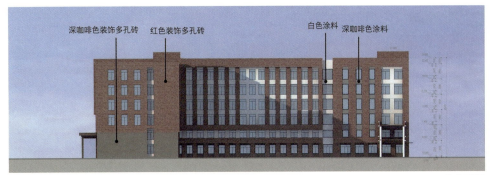

东立面图

西立面图

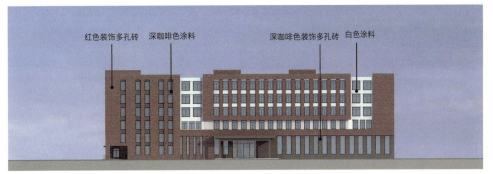

南立面图

北立面图

建筑设计案例
Architectural Design Caes

PART II

中学篇
Middleschool

■ **安全性**

结构稳定：经过结构计算满足建筑能够承受各种自然和正常活动的影响，对比选择耐久稳定的建筑材料。

防滑、防碰撞：体育场地采用的地面材料应满足环境卫生健康的要求；疏散走道、教室走道、有水的房间及教室均应采用防滑构造做法；中学的墙裙高度不宜低于1.40m，舞蹈教室、风雨操场墙裙高度不应低于2.10m。

满足防火要求：设置满足规范的安全出口与逃生通道，选用满足防火要求的装修材料和逃生设施。疏散宽度应按照每股0.6m进行计算，且不小于两股。

防护要求：对低于防护高度的窗台，应从可踏部位顶面设置防护措施；对外廊、室内回廊、内天井、阳台、上人屋面、平台、看台及室外楼梯等临空处应设置防护栏杆，栏杆应以坚固、耐久的材料制作。防护栏杆的高度应从可踏部位顶面起算，设置满足规范高度的防护措施。

■ **舒适性**

充足的采光：利用自然光照明，减少人工照明，同时保证室内光线明亮，有利于学生的视觉发展和活动，并满足现行国家规范所规定的采光设计标准。

普通教室冬至日满窗日照不应少于2h。中学至少应有1间科学教室或生物实验室的室内能在冬季获得直射阳光。

良好的通风：确保有良好的通风系统，保持室内空气清新，满足规范所要求的换气次数与新风量的要求。

清晰的布局：注重区块设计，将教学用房及教学辅助用房、行政办公用房和生活服务用房、供应用房等区块进行导向设计，清晰的布局让功能更紧凑，区块更加独立。

■ 可持续性

绿色建材：选择可再生、环保的建筑材料，减少对环境的影响。

节能设计：采用节能的照明和空调系统，降低能耗；适当减小体形系数与不必要的装饰构件，减小建筑耗能的增加；合理利用太阳能、风能等可再生能源。

■ 教育用房设计

普通教室：根据设计人数确定面积范围，根据采光分析确定教室的进深，再通过设备、桌椅之间规范的间距确定教室的开间，从而确定教室的最终形态。

专业教室：根据确定普通教室的步骤确定专业教室的形态；配备专业教室各自的设备以及辅助用房。

■ 室外空间设计

根据规范要求设置体育活动场地。

绿化区是校园环境的重要组成部分，应设置集中绿地、零星绿地和水面等，营造优美的自然景观。绿化用地的设置应结合教学需求和学生特点，创造有利于学生身心发展的环境。集中绿地的宽度不应小于8m。

各类教室的外窗与相对的教学用房或室外运动场地边缘间的距离不应小于25m。

校园规划应合理布局教学区、体育活动区、绿化区和生活服务区等，确保各区域之间联系方便且互不干扰。教学区应设置在相对安静且通行便利的区域，体育活动区应接近室外运动场地，绿化区应分布合理，营造优美的校园环境。

1. 设计原则（图2-1）

1) 普通中学的建设，必须贯彻安全、适用、经济、美观的原则，应结合本地区的实际情况，根据需要与可能，正确处理好近期与远期结合的关系。

2) 学校的建设必须坚持先规划设计后建设的原则。学校的规划设计要便于分期实施。改建、扩建项目应充分利用已有设施和设备。

3) 坚持以人为本、精心设计、科技创新和可持续发展的目标，遵循绿色行动方案的基本方针，建设绿色学校。

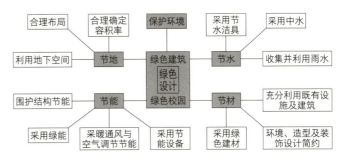

图2-1 设计原则

2. 学制与适宜规模（表2-1）

学制与适宜规模如表2-1所示。

学制与适宜规模表　　　　　　　表2-1

类型	学制	规模	班额
初中	一年级~三年级，共3年	18班、24班、30班	中学每班不多于50名学生
高中	一年级~三年级，共3年	24班、30班、36班	
完全中学	一年级~六年级，共6年	24班、30班、36班	
九年制校	一年级~九年级，共9年	18班、27班、36班、45班	

3. 场地选址

1) 中学应建设在阳光充足、空气流动、场地干燥、排水通畅、地势较高的宜建地段。校内应有布置运动场地和设置基础市政设施的条件。

2) 城镇中学的服务半径宜为1000m。

3) 多个学校校址集中或组成学区时，各校宜合建可共用的建筑和场地。分设多个校址的学校可依教学及其他条件的需要，分散设置或在适中的校园内集中建设可共用的建筑和场地。

4) 学校周边应有良好的交通条件，宜设置临时停车场地。与学校毗邻的城市主干道应设置适当的安全设施，以保障学生安全跨越。

5) 禁止建设在地震、地质塌裂、暗河、洪涝等自然灾害易发和人为风险高的地段，以及污染超标的地段；应远离殡仪馆、医院的太平间、传染病房等建筑和易燃易爆场所。

6) 高压电线、长输天然气管道、输油管道严禁穿越或跨越学校校园；当在学校周边敷设时，安全防护距离及防护措施应符合相关规定。

4.规划布局

1)空间布局类型

(1)布局的集中与分散

建筑和体育场地的集中与分散布局类型,很大程度上取决于基地的大小和形状(图2-2)。

(2)空间主导的关系

空间的主导和中心空间的主导,与中心的形成和基地的大小、形状有关,也与学校的使用模式有关,还与公共空间的限定方式有关(图2-3)。

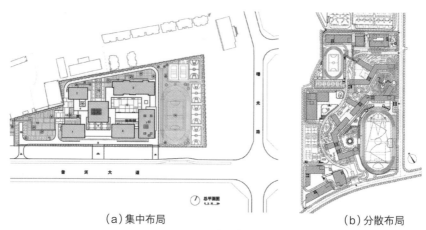

(a)集中布局　　　　　　　　　(b)分散布局

图2-2　布局类型

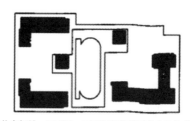

基地狭小以保证体育场地的排布为先

(a)以体育场地为主导

体育场地、图书馆、风雨操场等校园共享设施的布局以方便两校合用

(b)以校园公共设施为主导的两校合用模式

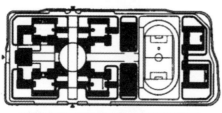 

强调整体校园公共空间的界面限定和序列组织,
不突出某个建筑单体

(c)以校园公共空间为主导

以校园中心建筑为核心节点,形成校园主要轴线
或若干公共空间

(d)以校园中心建筑为主导

图2-3　空间主导类型

2）总平面布局

（1）校园出入口

校园应设置2个出入口；宜设置机动车专用出入口。应避免人流、车流交叉。出入口应与市政交通衔接，但不应直接与城市主干道连接。校园主要出入口应设置缓冲场地，需考虑家长接送学生的停车问题，以及为校园出入口外教师与家长交接预留空间。

（2）校园道路

校园应设消防车道。校园道路每通行100人道路净宽0.70m。每一路段的宽度应按该段道路通达的建筑物容纳人数之和计算，且每段道路的宽度不宜小于3.00m。

（3）升旗广场

中小学校应在校园的显要位置设置国旗升旗场地。

3）声环境

学校主要教学用房设置窗户的外墙与铁路路轨的距离不应小于300m，与高速路、地上轨道交通线或城市主干道的距离不应小于80m。各类教室的外窗与相对的教学用房或室外文体活动场地边缘间的距离不应小于25m（表2-2）。

各种活动产生的声级（单位：dB）　　　　　表2-2

标准	普通教室		音乐教室合唱	劳技教室	运动场		广播操
	朗读	教师讲课			自由活动	体育课	
<50	90~95	70~80	82~96	>80	65~85	70~80	>80

4）日照环境

①教学用房大部分要有合适的朝向和良好的通风条件。朝向以南向和东南向为主。南向普通教室冬至日底层满窗日照不应小于2h。

②主采光面位于学生座位左侧。

③至少应有1间科学教室或生物实验室能在冬季获得直射阳光。

5）风环境

①应根据学校所在地的冬夏主导风向合理布置建筑物及构筑物。

②为了采光通风，教学楼以单内廊或外廊为宜，对教室天然采光要求高的教学用房避免设中内廊。实验室、计算机教室可以采用中内廊。

③食堂不应与教学用房合并设置，宜设在校园的下风向。

5. 功能布局

1）基本功能（图2-4、表2-3）

教学区：含普通教室、专用教室、公共教学用房。专用教室包括美术教室、音乐教室、语言教室、计算机教室等；公共教学用房包括图书室、合班教室、任课教师办公室、学生社团工作室等。

行政办公用区：含行政办公室、传达室、广播室等。

生活服务区：含学生食堂、教师食堂、浴室、学生宿舍、教师宿舍、卫生室等。

运动区：含运动设施及体育建筑设施。

校园核心区：含升旗广场、校园广场。

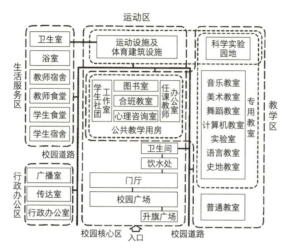

图2-4 基本功能区

基本功能区布局模式 表2-3

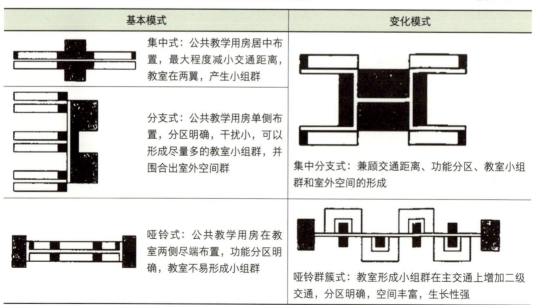

续表

基本模式	变化模式
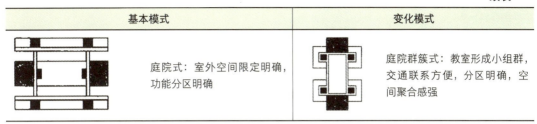 庭院式：室外空间限定明确，功能分区明确	庭院群簇式：教室形成小组群，交通联系方便，分区明确，空间聚合感强

2）单元拼组构成

(1) 单元组合

普通教室是最基本的使用单元，可以以一个教室为单元进行拼组；也可以几个教室拼组形成一个基本单元，再次拼组形成小组群（图2-5）。

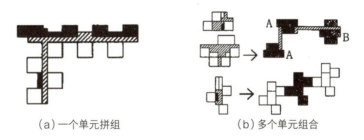

(a) 一个单元拼组　　(b) 多个单元组合

图2-5　单元组合形式

(2) 形态构成

形态构成类型如图2-6所示。

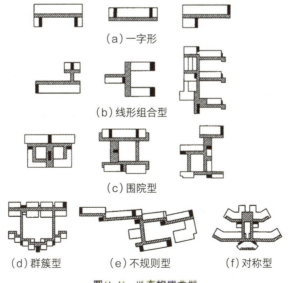

图2-6　形态构成类型

> 设计案例

邯郸市第五中学一期工程

项目地点：河北省邯郸市复兴区经济开发区内
设计时间：2018年
用地面积：137453.50m²
建筑面积：71694.94m²
班级规模：60班
设计阶段：方案、施工图设计

鸟瞰效果图

项目选址于河北省邯郸市复兴区纬九路以北，经二街以东，经三街以西。项目总用地面积为137453.50m²，其中学校净用地面积119157.6m²，待征道路面积14693.3m²，待征绿地面积3602.6m²。本项目总建筑面积71694.94m²，其中地上建筑面积66857.59m²，地下建筑面积4837.35m²。建成后为邯郸市省级示范性高中，分三个年级，每个年级20个教学班，共60个教学班，每个班50人，学生规划总人数为3000人。

学校的主要出入口位于纬九路上，于经三街和经二街上设置学校次要出入口。

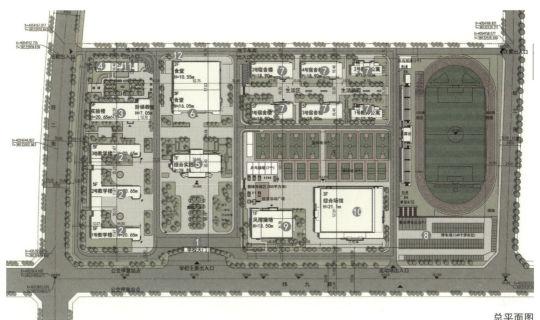

总平面图

① 出入口　　② 教学楼　　③ 实验楼　　④ 浴室
⑤ 综合楼　　⑥ 食堂　　　⑦ 宿舍楼　　⑧ 停车场
⑨ 风雨操场　⑩ 综合场馆　⑪ 锅炉房　　⑫ 地下车库

沿纬九路沿街效果图

正对学校主大门的为综合实践楼（含图书阅览、专用教室及行政办公用房）；大门以西为教学区，包括三栋教学楼和一栋实验楼；综合实践楼以北为食堂，该部分东北侧为学校生活区，包含四栋学生宿舍及两栋教师公寓，场地东、南侧为运动区，包含一栋风雨操场、一栋综合场馆，整个用地东侧为学校操场（设400m环形跑道），风雨操场及综合场馆以北为室外运动区，包含8个篮球场、8个排球场、9个乒乓球场，以及300m²的器械体操区。

东南角设置地面停车场，便于来访车辆停车。

本项目从最初两块建设用地进行设计到易地选址推翻重启历时4年，新地块为东西向长、南北向宽的矩形，完整性较好，但地势高差较大，设计时在场地竖向空间控制上带来一定的难度和趣味性。在项目设计过程中加强业主联系，在满足需求前提下，多方面入手，优化设计方案。

1. 建设成本方面

因项目立项时间较久，总投资额受限，在设计中从多方面入手降低造价，如空间设计平整、减少立面造型构件、优化地下车库平面功能布局、将宿舍区结构形式由框架结构调整为砖混结构等。

2. 优化设计方案，提高建筑使用率

在现有方案的基础上，增加教学楼、实验楼、综合楼、食堂在首层各个方向的疏散出口个数及宽度，解决人员集散问题。

3. 分期建设，减少资金压力

一期建设完成后计划容纳学生1000人，建设内容含：3号教学楼、实验楼、食堂（含地下车库）、1号宿舍楼、2号宿舍楼、锅炉房、浴室、附属用房及室外学生活动场地（8个篮球场、8个排球场、300m²的器械体操区）、看台及400m操场等。

二期建设完成后计划共容纳学生2000人，建设内容含：2号教学楼、1号教师公寓、3号宿舍楼。

三期建设完成后计划共容纳学生3000人，建设内容含：1号教学楼、综合实践楼、4号宿舍楼、2号教师公寓、风雨操场、综合场馆、非机动车库。

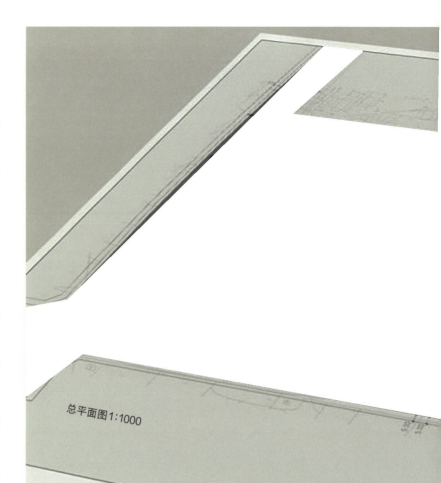

总平面图1:1000

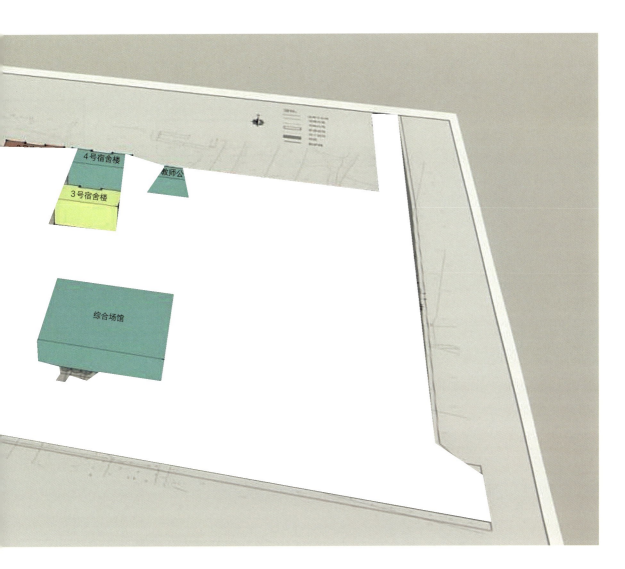

4.明确设计理念,增加文化特色

邯郸是一所历史文化名城,本项目注重细节设计,校区内景观、雕塑、建筑小品的设计理念,均来自与邯郸有关的典故"胡服骑射""完璧归赵""毛遂自荐"等,景观与建筑结合,处处彰显浓厚的历史氛围,把历史的精髓贯穿师生生活学习当中,同时也彰显"开放、进取、担当、包容"的现代邯郸精神。

5.顺应地势,土方平衡与天际线

场地整体西南角最高,向北、向东逐渐降低,自然地面东西向

最大高差16m，经场地调整，做成不同的台地，形成台地建筑。

台地标高设计时考虑到场地现状标高，遵循场地现有高差变化，减少土方量。场地由西向东调整为三个台地，地面坡度为1.7%，西侧台地之间高差约为3m，东侧台地高差约6m，项目出入口处标高比相邻城市道路中心线处标高高0.2m。

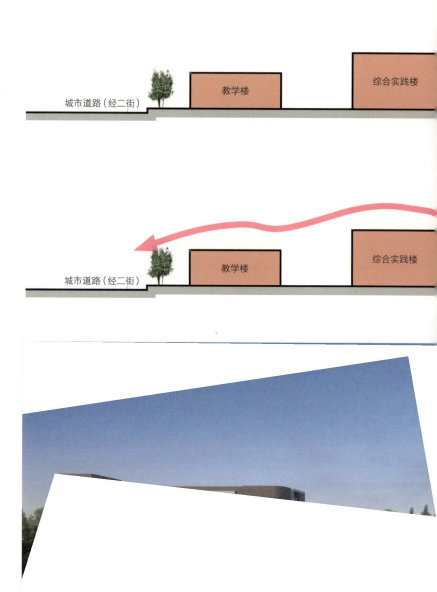

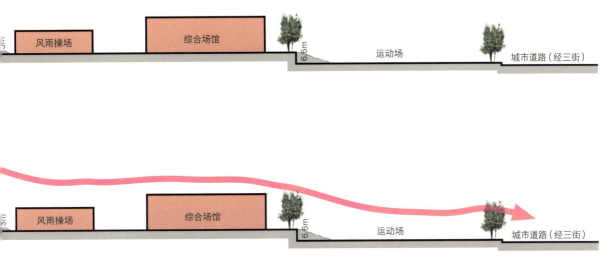

沿纬九路沿街效果图

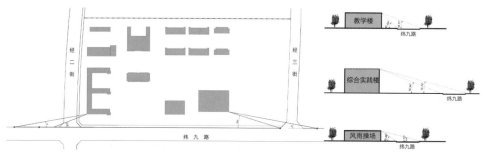

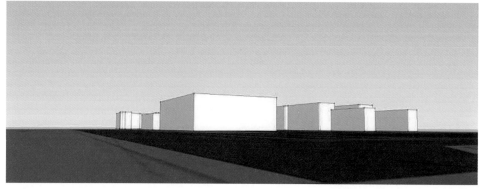

经三街路口东45m处(最佳视区)

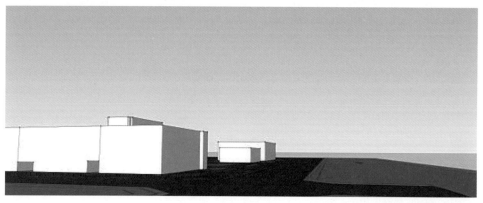

经二街路口东(有效视区)

6. 视野分析

经科学测定,水平方向视区的中心视角10°以内为最佳视区。20°以内为瞬息视区,可以在极短的时间内识别物体。人眼在中心视角30°以内为有效视区。需要集中精力才能辨别物体形象。人眼在中心视角120°范围内为最大视区,需要投入相当精力才能识别物体。

经分析得：本项目为建筑组群，由东西侧路口进入项目用地，视角由最佳视区逐渐转为有效视区，水平方向上的静视野与动视野均可以达到最佳。

垂直视野研究对象是物体的高度及总体平面配置的进深度。科学测定，垂直方向视区中人眼的最佳视区在水平线以下10°，水平线上10°~30°为良好视区。视平线上60°，视平线下70°为最大视区。

经分析得：在多数情况下项目内建筑在竖向上视野为最佳视区，在校外的视野能达到良好视区以上。校区近距离也可达到最大视区的范围内。

7.立面设计

综合楼是整个校区内最高的建筑，立面上采用竖向线条及竖向窗户，中间部位采用横向条窗，在虚实对比、横竖方向对比中体现建筑的高耸向上，寓意第五中学蒸蒸日上、节节升高，建筑整体色调与学校整体色调一致，采用稳重的砖红色。建筑一层主要出入口设置宽敞的门廊，形成整栋建筑的基座，整体稳重大气。

教学楼组团效果图

食堂效果图

综合场馆效果图

学生宿舍效果图

教师公寓效果图

综合楼效果图

景观设计

学校绿地率为35%,绿地总面积为41705m²。

景观融合建筑,以"教学优先、环境育人、特色文化、和谐进取"为设计理念,打造"四季有绿,三季有花,两季有果"的四季效果。

景观设计时充分考虑植物的适应性和多样性,总计引入植物27种,其中包括大乔木5种、观花结果类小乔木10种、灌木及地被类植物12种。

高大乔木主要作为行道树种植,白蜡主要种植于校区的大环路,该树木高大挺拔,起到隔声降噪的作用;国槐种植于综合实践楼两侧的南北道路;桃树、李子树种植于生活区和篮球场之间东西道路上,色彩明快,适应活泼开放的场地氛围,寓意桃李满天下;雪松、广玉兰种植于学校南围墙内部,提升沿城市主路的沿街效果;学校四周围墙内侧种植蔷薇,花色有白、粉白、紫红和正红,起到遮挡视野同时又提升整体的沿街景观效果。

校区景观分为五大功能分区,入口观赏区、教学区、游园区、生活区和运动区。景观庭院以绿地为主,辅以开花观果类小乔木及灌木,在灌木地种植时,引入百花园、百草园的种植理念,体现无处不文化的校园氛围,另外,景观结合建筑小品,如雕塑、廊道、草坪石阶围合的小广场等,为师生提供室外学习交流平台。

植物数量:行道树461棵(银杏胸径22cm,其他8~10cm);小乔木213棵;乔木类灌木93株,地被类灌木1434m²;草坪37977m²。

鸟瞰效果图

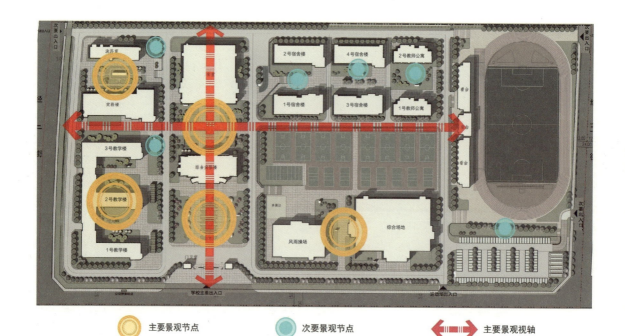

景观轴线图

文化石景观

通过设置文化石，丰富了校园文化底蕴，进行景观和视觉效果的营造与设计，给师生带来含蓄、有情趣的视觉体验与精神享受。

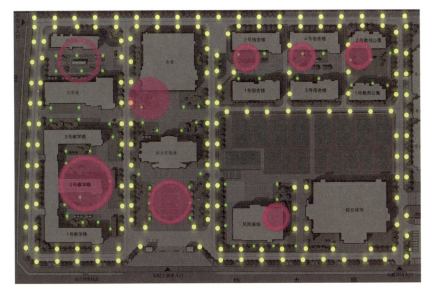

道路照明中路灯按8~10m的间距进行布置，是校园中主要的照明设施。景观照明位于不同景观节点及道路绿化中，结合区域绿化照明设施，营造出了不同的氛围。

● 道路照明　　● 景观照明　　● 区域绿化照明

室外灯光分析图

灌溉范围分析图

鸟瞰效果图

巨鹿县科技教育园区

项目地点：石家庄市巨鹿县
设计时间：2021年
用地面积：238573.33m²
建筑面积：120820.00m²
设计阶段：方案设计

实验楼人视效果图

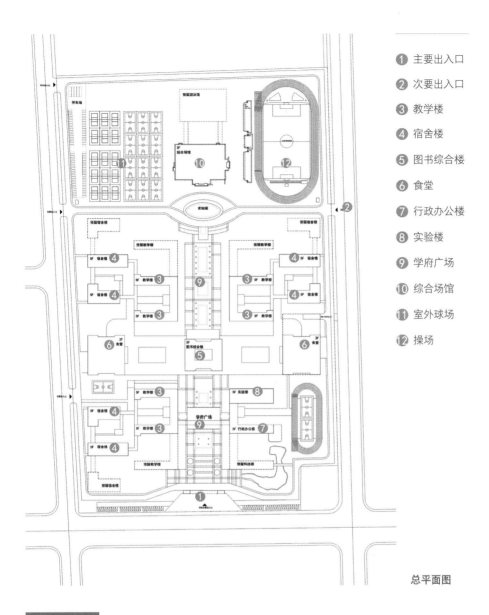

❶	主要出入口
❷	次要出入口
❸	教学楼
❹	宿舍楼
❺	图书综合楼
❻	食堂
❼	行政办公楼
❽	实验楼
❾	学府广场
❿	综合场馆
⓫	室外球场
⓬	操场

总平面图

项目占地350余亩，位于迎宾街东侧、兴泽路北侧，建筑总面积约12万m²，其中新建教学楼3栋38950m²，5层框架结构；图书综合楼1栋9500m²，5层框架结构；行政综合楼1栋7000m²，5层框架结构；实验楼1栋7800m²，5层框架结构；体育馆8500m²，3层框架结构；学生宿舍6栋30000m²，5层框架结构；学生食堂2栋12870m²，2层框架结构；设置400m环形跑道田径场和200m环形跑道田径场各一个；排球场和篮球场各15个。配套设置地下人防、设备用房、门卫室、供电、供水、供热、供燃气、电梯等设施。建设道路管网、景观绿化、采暖、智慧校园等配套工程，项目建成后，设置40轨、120个教学班，可容纳学生6000余人、教职工480人。

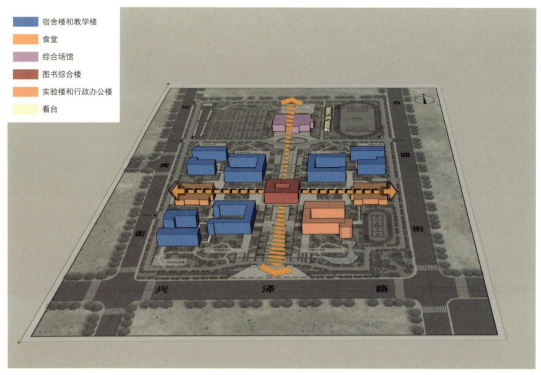

功能轴线分析

总体布局思路

校园用地形状规则,整体呈长方形,南北长,通过贯穿南北的主轴线来统控校园整体,主轴线由南至北依次为南校门、主入口广场、教学区一及学生宿舍、行政办公楼、实验楼、图书综合楼、食堂、教学区二三及学生宿舍、体育运动区。这样的布局有效提升了整体校园对于配套建筑的使用效率。各组团分区独立,便于管理,同时各组团与公共建筑距离适当,大大提高交通的便利性。

每个教学组团自成一体,教学、宿舍功能齐全,周边配套食堂及活动场地。这样的布局功能分区明确,同时解决了学生上下学瞬时人流的集散问题,大大缓解了人流集中带来的压力。

校园前区:教学区组团一、办公实验区及图书馆,围合成主入口广场,构成经典的品字形布局。其中南校门与图书馆在空间上遥相对应,构成了校园主入口——古典对称、庄重典雅、现代简洁的独特礼仪入口空间。

校园中区:教学区组团二、教学区组团三与图书馆相互呼应,来往方便,图书馆两侧对称布置两栋食堂,公共空间置于中间位置,交通便利。

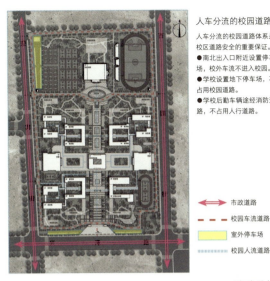

流线分析　　　　　　　　　　　　　绿化分析

校园后区：操场运动区，该区包含一栋综合场馆（体育馆），一个400m环形塑胶操场，12个篮球场，15个排球场。

校园以南北纵向轴线为主、东西横向轴线为辅，功能布局经典明确、紧凑高效。

人车分流的校园道路

人车分流的校园道路体系是校区道路安全的重要保证。

南北出入口附近设置停车场，校外车流不进入校园。

学校设置地下停车场，不占用校园道路。

学校后勤车辆途经消防道路，不占用人行道路。

舒适的校园环境

按照"自然、生态"的规划理念，有机组织不同性质的绿化空间。

1）采用海绵城市设计理念，构建校园的生态系统。

2）水体景观与绿化景观相互呼应，打造出丰富的校园景观。

教学楼人视效果图

教学楼人视效果图

教学楼标准层平面图

教学空间
办公室
卫生间
交通空间

宿舍楼首层平面图

宿舍
卫生间
交通空间
服务用房

宿舍楼人视效果图

鸟瞰效果图

灵寿县职教中心综合教学楼

项目地点： 石家庄市灵寿县职业技术教育中心校园内
设计时间： 2018年
用地面积： 1288.66m²
建筑面积： 6264.24m²
设计阶段： 方案、施工图设计

本工程建设地点位于灵寿县职业技术教育中心校园内，北临人民西路，南临大吴庄路，新建教学综合楼东侧为绿地、西临实训楼、南侧为学生宿舍楼、北侧为学生广场。

本次综合教学楼的设计功能主要包括：教学活动单元、办公室等功能，综合教学楼占地1288.66m²，建筑面积6264.24m²。平面采用一字形平面，共设置三个对外出入口，主出入口设在北侧，面向广场，东西两侧设次出入口。综合教学楼由内走廊作为水平交通，由三部楼梯组成垂直交通，更好地方便学生疏散。

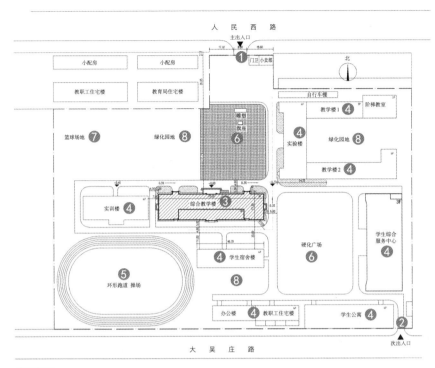

总平面图

本工程总平面共布置两个出入口，主出入口位于北侧的人民西路上，次出入口位于场地的东南角，有6m宽的道路相连。教学区在校园的北侧区域：东边为已有的实验楼和教学楼，南边为新建的综合教学楼和已有的实训楼。生活服务区校园的东南角：有学生宿舍楼、教职工宿舍楼、综合服务中心，围绕中心广场设置。体育运动场地在校园的西侧，布置环形跑道和篮球场地。

新建综合教学楼共设置三个出入口，主出入口设在北侧，面向广场，东西两层设次出入口。

绿化景观布局采用点面相结合，尽最大可能布置绿化，自行车场地及机动车场地均布置绿化砖，在满足停车需要的同时增加了绿化面积，在北侧篮球场和广场之间设置集中绿化区，在运动场地的四周和教学楼周围设置绿化，草坪、灌木和乔木树相结合，创造优美的校园环境。

人视效果图

立面风格以简洁明快、稳定庄重、严肃活泼的现代风格为主。主入口处做两层高的门廊，稳重大气，门廊上部做白色的竖向线条和玻璃幕墙，既强调了"面"与"线"的对比关系，又产生了"虚"与"实"的变化，在"庄重"中产生了"活泼"的氛围。东西两侧利用楼梯间做了两个突出墙面的竖向玻璃幕墙，既对中间部位的造型起到了呼应的作用，也增强了建筑的高度感。整个正立面利用了三个竖向造型元素，形成了简洁明快、稳定庄重、严肃活泼的氛围，并且三个竖向造型元素使整体立面分为四个部分，较好地避免了建筑很长的弊端。

建筑主墙面采用砖红色外墙面砖，横向线条为白色外墙面砖，竖向线条为白色外墙涂料，中间门廊采用淡黄色外墙面砖，整体颜色体现出既稳重又活泼的特点。

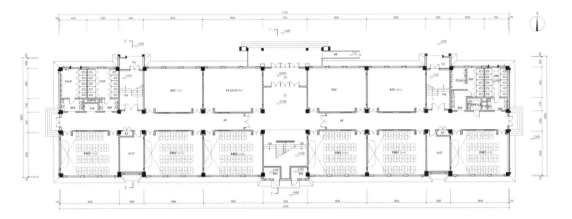

首层平面图

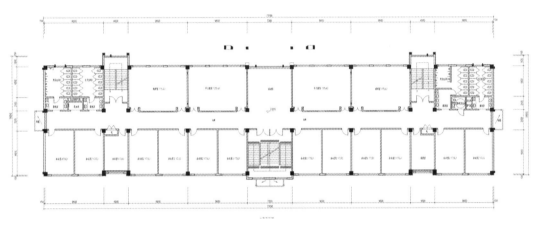

二层平面图

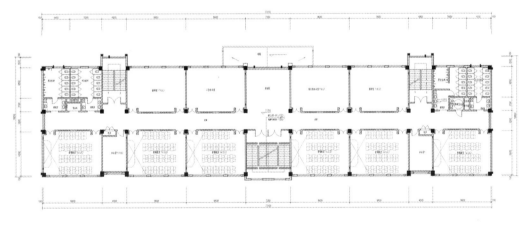

二层平面图

鸟瞰效果图

保定市曲阳县高级中学

项目地点：河北省保定市曲阳县县城郊区
设计时间：2018年
用地面积：215550.00m²
建筑面积：39710.00m²
设计阶段：方案设计

总平面图

交通流线

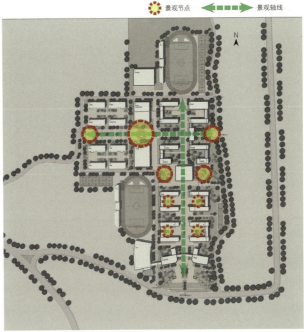

景观轴线

该校区位于县城郊区,南邻现有县道,东临现有道路。整体规划功能分区为南高中北初中,其中高中为25轨,共容纳学生3750人;初中为15轨,容纳学生2250人。

高中区主要出入口位于南侧道路上,入口设大型集散广场,正对入口部分为高中区主轴线,由南至北贯穿行政办公区、教学区及图书阅览区,形成本区主要景观步道,体育运动区及生活区位于校园西侧。高中区功能分区明确,动静有序,交通便捷。

初中区位于整个规划的北侧,主要出入口开向东侧现有道路,以东西向的主景观轴为全区轴线,教学区位于中轴北侧,办公及教学辅助区位于轴线南侧,生活区位于全区西侧,操场运动区位于全区北侧,功能分区明确。

高中区的体育馆位于南侧临街位置,既丰富了沿街立面,又便于大型体育赛事的人员集散;图书馆位于整个校区规划的中心位置,环境静谧,统领全区,交通便捷。

食堂效果图

教学楼效果图

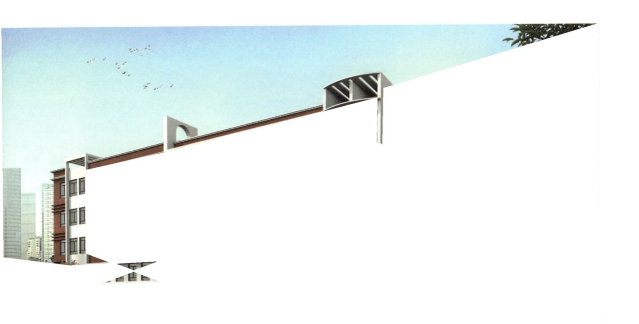

灵寿县青同镇初级中学

项目地点： 灵寿县青同镇初级中学
设计时间： 2015年
用地面积： 9816.14m²
建筑面积： 3835.25m²
设计阶段： 方案、施工图设计

本工程为灵寿县青同镇初级中学教学楼及附属工程。教学楼地上共五层，框架结构，总建筑面积3835.25m²。共设计16个普通教室、1个化学实验室、1个生物实验室、1个物理实验室、1个计算机教室、1个会议室和9个教师办公室。

学校主要出入口位于南侧道路上，主入口西侧为学校操场，正对入口为新建教学楼，校园西侧部分为原有宿舍楼、教学楼和餐厅。

现场照片

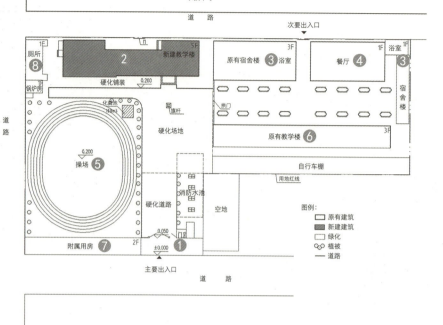

总平面图

① 主要出入口　② 新建教学楼　③ 原有宿舍楼、浴室　④ 餐厅
⑤ 操场　⑥ 原有教学楼　⑦ 附属用房　⑧ 厕所、锅炉房

大门效果图　　　　　　　　　　鸟瞰效果图

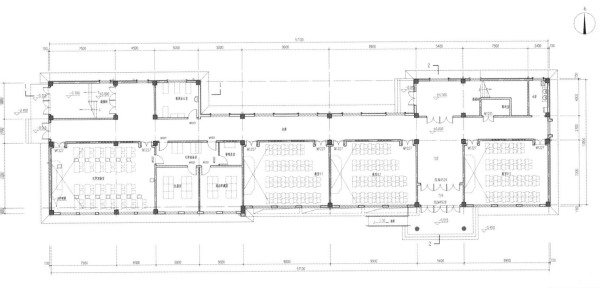

首层平面图

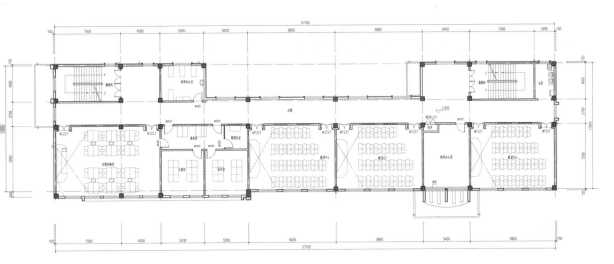

二层平面图

人视效果图

灵寿县慈峪中学宿舍楼

项目地点： 石家庄市灵寿县慈峪镇慈峪中学校内
设计时间： 2018年
用地面积： 1982.43m²
建筑面积： 4350.00m²
设计阶段： 方案、施工图设计

本工程建设地点位于灵寿县慈峪镇慈峪中学校内，新建宿舍楼位于慈峪中学校园内中部区域，紧邻西侧现有围墙，东侧及南侧为现有宿舍楼。

建筑的功能设计主要为学生宿舍、公共卫生间、值班室，地上5层，供772人住宿。室内外高差为0.45m，层高为3.6m，建筑总高度为19.4m，总建筑面积为4350m²。平面呈一字形布局，中间走道两侧为功能房间，每层均有一间公共活动室、盥洗室及卫生间。

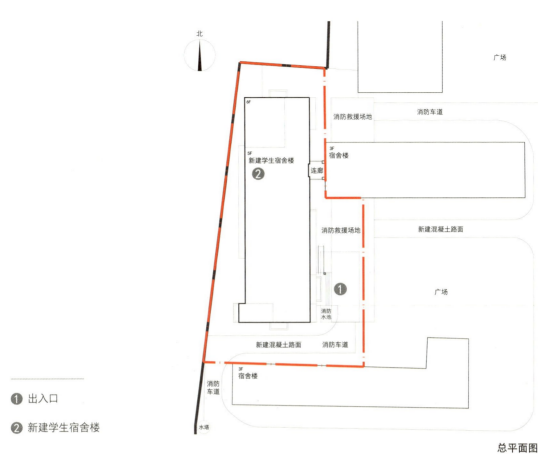

❶ 出入口

❷ 新建学生宿舍楼

总平面图

标准层平面图

人视效果图

灵寿县狗台乡初级中学

项目地点：石家庄市灵寿县狗台乡初级中学校园内
设计时间：2015年
用地面积：36224.00m²
建筑面积：12235.00m²
设计阶段：方案、施工图设计

① 新建教学楼　② 宿舍楼　③ 实验楼
④ 食堂餐厅　⑤ 厕所　⑥ 操场及活动场地

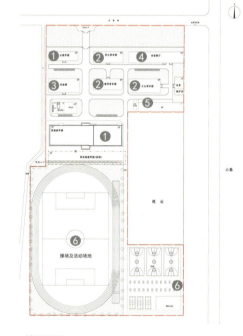

总平面图

本工程建设地点位于灵寿县狗台乡初级中学校园内，新建教学楼东侧为围墙、西侧为围墙、南侧为操场、北侧为学生宿舍楼，新建教学楼面积为6877.00m²。

新建教学楼在总图中正对大门道路，平面上我们遵循对称布置的原则，由于功能的需要及教学楼面积因素，在五层设计时体量只是标准层的一半，为了达到立面上的美观及合理性，在入口处设计了"L"形的构造柱，以此来平衡五层体量造成的缺失。平面布置方式采用内走廊的布置方式，以充分利用土地，并为学生们提供舒适合理的学习环境。

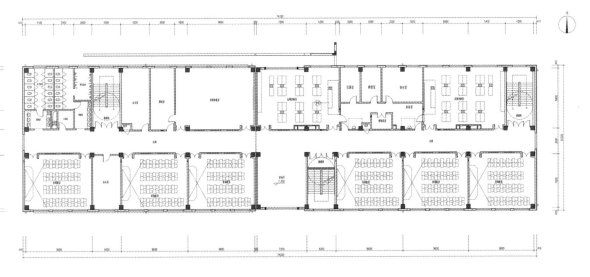

标准层平面图

北立面图

建筑设计案例
Architectural Design Caes

PART III
小学篇
Primaryschool

■ 安全性

结构稳定：经过结构计算满足建筑能够承受各种自然和正常活动的影响，对比选择耐久稳定的建筑材料。

防滑、防碰撞：体育场地采用的地面材料应满足环境卫生健康的要求；疏散走道、教室走道、有水的房间及教室均应采用防滑构造做法；中学的墙裙高度不宜低于1.40m，舞蹈教室、风雨操场墙裙高度不应低于2.10m。

满足防火要求：设置满足规范的安全出口与逃生通道，选用满足防火要求的装修材料和逃生设施。疏散宽度应按照0.6m每股进行计算，且不小于两股。

防护要求：对低于防护高度的窗台，应从可踏部位顶面设置防护措施；对外廊、室内回廊、内天井、阳台、上人屋面、平台、看台及室外楼梯等临空处应设置防护栏杆，栏杆应以坚固、耐久的材料制作。防护栏杆的高度应从可踏部位顶面起算，设置满足规范高度的防护措施。

■ 舒适性

充足的采光：利用自然光照明，减少人工照明，同时保证室内光线明亮，有利于学生的视力健康和活动，并满足现行国家规范所规定的采光设计标准。

普通教室冬至日满窗日照不应少于2h。小学至少应有1间科学教室或生物实验室的室内能在冬季获得直射阳光。

良好的通风：确保有良好的通风系统，保持室内空气清新，满足规范所要求的换气次数与新风量的要求。

清晰的布局：注重区块设计，将教学用房及教学辅助用房、行政办公用房和生活服务用房、供应用房等区块进行导向设计，清晰的布局让功能更紧凑，区块更加独立。

■ 可持续性

绿色建材：选择可再生、环保的建筑材料，减少对环境的影响。

节能设计：采用节能的照明和空调系统，降低能耗；适当减小体形系数与不必要的装饰构件，减小建筑耗能的增加；合理利用太阳能、风能等可再生能源。

提高能源利用效率：例如建造雨水收集系统等，提高水资源的利用效率。

■ 教育用房设计

普通教室：根据设计人数确定面积范围，根据采光分析确定教室的进深，再通过设备、桌椅之间规范的间距确定教室的开间，从而确定教室的最终形态。

专业教室：根据确定普通教室的步骤确定专业教室的形态；配备专业教室各自的设备及辅助用房。

■ 室外空间设计

根据规范要求设置体育活动场地。

绿化区是校园环境的重要组成部分，应设置集中绿地、零星绿地和水面等，营造优美的自然景观。绿化用地的设置应结合教学需求和学生特点，创造有利于学生身心发展的环境。集中绿地的宽度不应小于8m。

各类教室的外窗与相对的教学用房或室外运动场地边缘间的距离不应小于25m。

校园规划应合理布局教学区、体育活动区、绿化区和生活服务区等，确保各区域之间联系方便且互不干扰。教学区应设置在相对安静且通行便利的区域，体育活动区应接近室外运动场地，绿化区应分布合理，营造优美的校园环境。

1. 设计原则

1) 普通小学校的建设，必须贯彻安全、适用、经济、美观的原则，应结合本地区的实际情根据需要与可能，正确处理好近期与远期结合的关系。

2) 满足教学功能要求。

3) 有益于学生身心健康成长。

4) 校园本身安全，师生在学校内全过程安全。校园具备国家规定的防灾避难能力。

5) 坚持以人为本、精心设计、科技创新和可持续发展的目标，遵循绿色行动方案的基本方针，建设绿色学校。

2. 学制与适宜规模（表3-1）

学制与适宜规模　　　　　　　　　　　　　表3-1

类型	学制	规模	班额
非完全小学	1~4年级，共4年	4班	≤30生/班
完全小学	1~6年级，共6年	18班、24班、36班	≤45生/班

3. 场地与规划布局

1) 校园的总体规划设计应因地制宜，合理利用地形、地貌，并根据需要适当预留发展余地。

2) 严禁建设在地震断裂带、地质塌裂、暗河、洪涝等自然灾害及人为风险高的地段和污染超标的地段（图3-1）。校园及校内建筑与污染源的距离应符合对各类污染源实施控制的国家现行有关标准的规定。

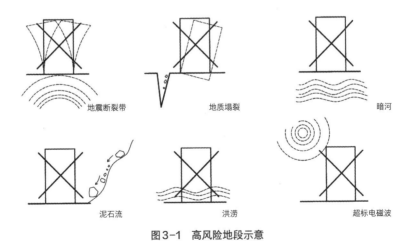

图3-1 高风险地段示意

3）建筑组合应紧凑、集中，建筑形式和建筑风格要力求体现教育建筑的文化内涵和时代特色。具有优秀历史文化重大价值的校园及校舍应依法保护，并合理保持其特色校园绿化、美化，应结合建筑景观统一规划设计和建设，以形成优美的校园环境和人文景观。校舍面积参考表3-2中的指标。

城市普通完全小学校舍建筑面积表（单位：m^2） 表3-2

项目名称		基本指标						
		12班	18班	24班	27班	30班	36班	45班
完全小学	面积合计	3569	4684	5812	—	6912	—	—
	生均面积	6.6	5.8	5.4	—	5.2	—	—

4）校园总平面设计宜按教学、体育运动、生活、勤工俭学等不同功能进行分区，合理布局。各区之间要联系方便、互不干扰。教学楼应布置在校园的静区，并保证良好的建筑朝向。校园内各建筑之间、校内建筑与校外相邻建筑之间的间距应符合城市规划、卫生防护、日照、防火等有关规定。

5）校园空间（表3-3）可以划分为教学活动区、校园核心区（可以是校园广场、升旗广场，也可以是集中绿化区）、生活活动区、体育活动区、其他零星活动区（含供学生活动、交流读书的公共或私密的各种小空间）。

校园空间构成 表3-3

	分离	叠合
核心		
围合		

续表

	分离	叠合
串联	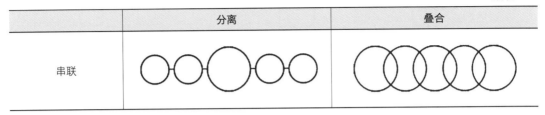	

6）小学学校服务半径为500m（图3-2）。

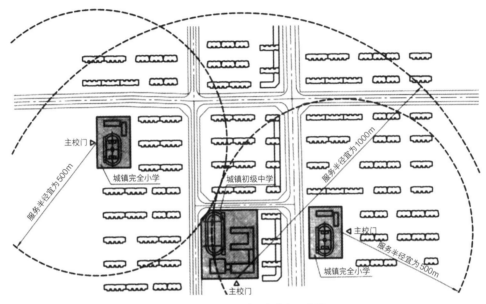

图3-2 小学学校服务半径示意图

7）小学宜设置200m环形跑道和1~2组60m直道。

8）学校主要教学用房设置窗户的外墙与铁路路轨的距离不应小于300m，与高速路地上轨道交通线或城市主干道的距离不应小于80m。

9）各类教室的外窗与相对的教学用房或室外文体活动场地边缘间的距离不应小于25m。

4. 教学及教学辅助用房建筑设计

1）各类小学的主要教学用房不应设在四层以上。普通教室冬至日满窗日照不应少于2h（图3-3）。

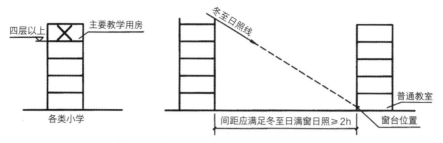

图3-3 主要教学用房和普通教室设计要点示意

2)教室布局(图3-4):各类教室前端侧窗窗端墙的长度不应小于1.00m。窗间墙宽度不应大于1.20m。其中普通教室课桌椅的排距不宜小于0.90m,独立的非完全小学可为0.85m。最前排课桌的前沿与前方黑板的水平距离不宜小于2.20m。最后排课桌的后沿与前方黑板的水平距离不宜大于8.00m。教室最后排座椅之后应设横向疏散走道;自最后排课桌后沿至后墙面或固定家具的净距不应小于1.10m。沿墙布置的课桌端部与墙面或壁柱、管道等墙面突出物的净距不宜小于0.15m;前排边座座椅与黑板远端的水平视角不应小于30°。

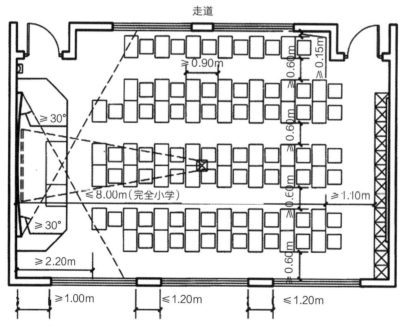

图3-4 教室布局图

3）完全小学的教学及教学辅助用房除设置普通教室外，还应设置自然教室、音乐教室、美术教室、书法教室、语言教室、计算机教室、劳动教室等专用教室，以及多功能教室、图书室、科技活动室、心理咨询室、体育活动室等公共教学用房及其辅助用房。教学用房、教学辅助用房使用面积及净高（下限）参考指标如表3-4所示。

教学用房、教学辅助用房使用面积及净高（下限）参考指标表　　表3-4

序号	房间名称	面积（m^2）	净高（m）	备注
普通教室	普通教室	62	3	未含储物柜
	教师休息室	3.5/人	—	随普通教室适当分层设置
专用教室	科学教室	87	3.1	—

鸟瞰效果图

东和嘉园小学

项目地点： 山东省淄博市桓台县
设计时间： 2019年
用地面积： 39563.00m²
建筑面积： 22583.00m²
设计阶段： 方案、施工图设计

本工程位于淄博东和嘉园小区南侧，桓台横一路以南，涝淄西路以东，甘马路以西。项目之初与业主进行现场踏勘及考察。在规划设计时遵循以下原则：

1）根据功能不同，教学空间、运动空间与办公空间按照"动静分区"的原则进行布置。
2）布局合理，功能设施完善，最大限度优化教育资源配置，各功能区既彼此独立，又便于交流互动。
3）按照"自然、生态"的规划理念，有机组织不同性质的空间。
4）充分考虑与城市道路的关系，合理布置内部道路交通网络，形成合理、顺畅、景观优美的道路系统。
5）合理组织人流和车流，适当考虑机动车辆和自行车的停放问题，以及学生流线距离。
6）在三维空间上安排校园内的各种学习生活场所，形成丰富、有趣、有浓厚文化氛围的空间序列。
7）按照可持续发展理念进行规划布局设计。

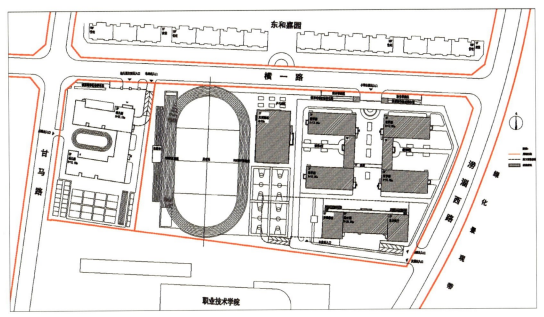

总平面图

该项目小学部分主要出入口位于北侧的横一路上，次要出入口位于涝淄西路上。学校整体分为两部分：东侧的教学区和西侧运动区。正对主大门的主广场为大型活动广场，景观与硬质铺装相结合，丰富师生生活；教学区以主广场为轴线基本呈对称布局，每个教学组团呈庭院式布局，庭院绿化为师生在室外提供了更多休憩交流平台。教学区由教学A区和教学B区组成，教学A区主要功能为普通教室区，共46个班，教学B区北楼主要功能为专用教室，包含计算机教室、科学教室、美术教室、音乐教室、书法教室、综合实践教室等；南楼为普通教室楼共计23个班，全区共计69个普通教室。

正对主大门为综合楼，主要功能为图书阅览及校级办公，一层包含两个阶梯教室。该楼为全区的最高建筑，为8层，与4层、5层的教学楼对比，丰富了城市沿街天际线。

小学部分地下车库出入口设置在涝淄西路上，教师机动车直接由此驶入地库，地库位于综合楼地下一层，教师通过楼梯可直接由地下进入到综合楼，交通便捷，提高教学效率。

建筑主色调为稳重的砖红色，立面以竖向线条为主，点缀白色线脚，整体造型简洁大气，现代新颖。另外，教学区间通过一层连廊连接，整体性较好。

教学楼人视效果图

综合楼效果图

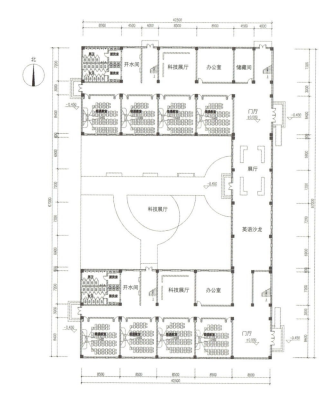

教学楼A区一层平面图

教学楼效果图

教学楼A区二、三层平面图

沿街立面效果图

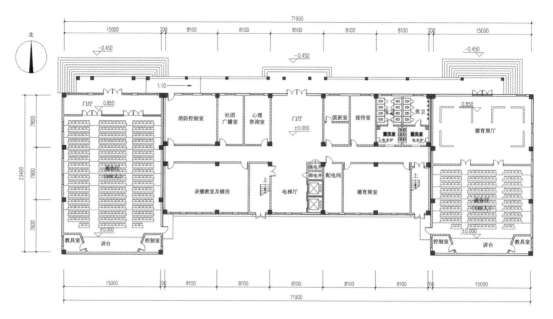

综合楼一层平面图

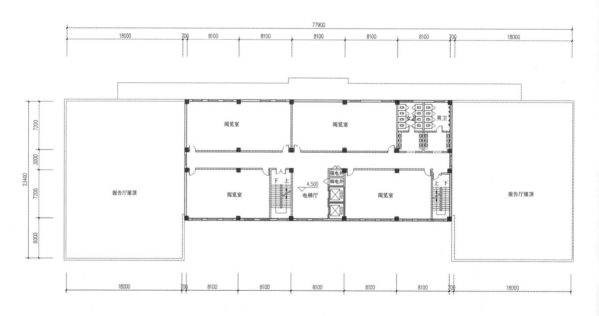

综合楼二层平面图

鸟瞰效果图

灵寿县大东关小学

项目地点：石家庄市灵寿县大东关小学
设计时间：2015年
用地面积：2469.00m²
建筑面积：5567.00m²
设计阶段：方案、施工图设计

本工程位于灵寿县大东关小学院内，场地南侧临10m宽道路，东侧临育才街。整个校区分为教学区和运动区两大部分。学校南部为教学区，由原四层教学楼和拟新建五层教学楼组成；北部为运动场区。

教学楼结构形式为钢筋混凝土框架结构，整体4层，局部5层，建筑主体高度21.9m。教学楼总建筑面积为5567m²。

人视效果图

① 主要出入口
② 次要出入口
③ 教学楼
④ 厕所
⑤ 校园绿化
⑥ 室外活动场地

总平面图

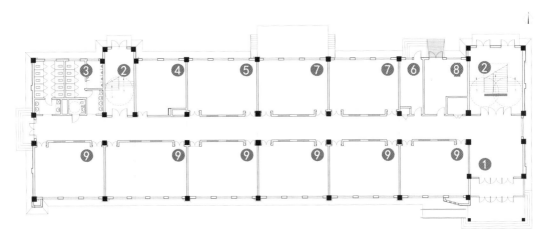

首层平面图

1 门厅
2 楼梯间
3 卫生间
4 办公室
5 阅览室
6 消防控制室
7 教育处
8 器材室
9 普通教室

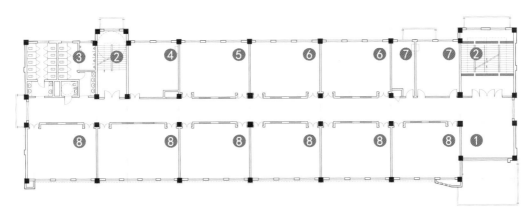

二层平面图

1 活动厅
2 楼梯间
3 卫生间
4 办公室
5 阅览室
6 教研室
7 办公室
8 普通教室

人视效果图

灵寿县小东关小学北教学楼

项目地点： 石家庄市灵寿县小东关小学北教学楼
设计时间： 2021年
用地面积： 4789.65m²
建筑面积： 1895.75m²
设计阶段： 方案、施工图设计

本工程位于灵寿县小东关小学院内，学校主要出入口位于东侧村路上，改造建筑位于小学院内北侧，由小东关办公楼改造为北教学楼。

建筑共三层，建筑主体高度11.40m，教学楼总面积为1895.75m²，改造后教学楼共有15个教室和11个办公室。

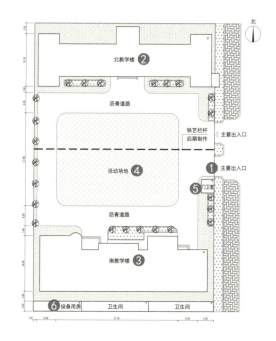

总平面图

① 主要出入口　② 北教学楼　③ 南教学楼
④ 活动场地　⑤ 门卫室　⑥ 设备用房

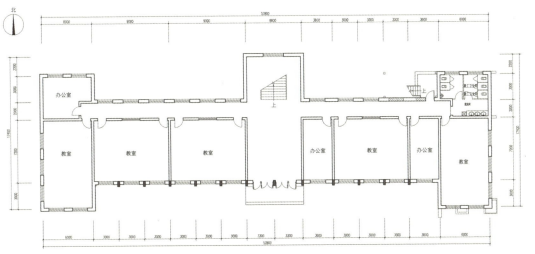

首层平面图

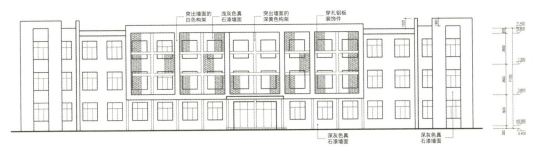

南立面图

改造前现状照片

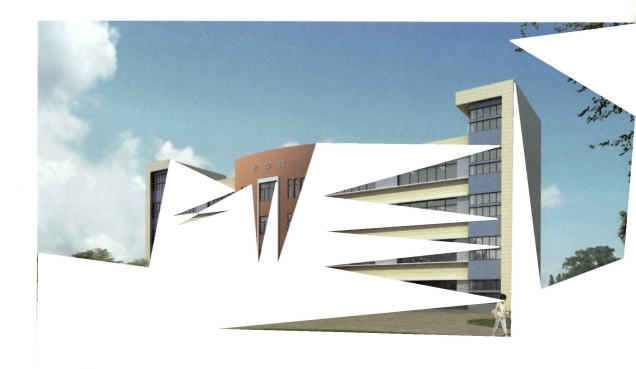

人视效果图

灵寿县北贾良小学

项目地点： 石家庄市灵寿县青同镇北贾良小学
设计时间： 2018年
用地面积： 6505.90m²
建筑面积： 2088.91m²
设计阶段： 方案、施工图设计

① 出入口　② 教学楼　③ 篮球场地
④ 操场　　⑤ 门卫　　⑥ 设备用房

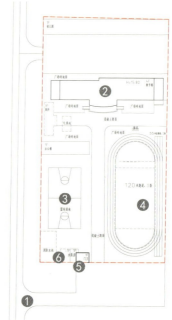

总平面图

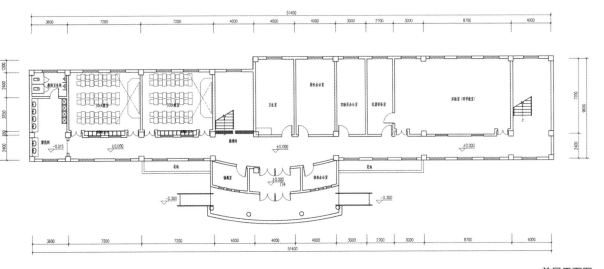

首层平面图

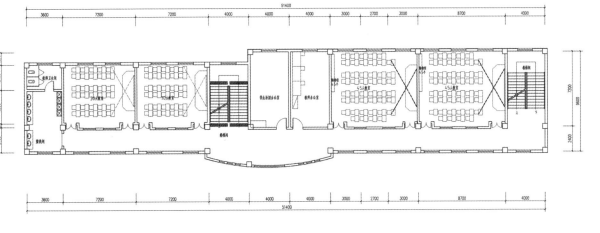

二至四层平面图

本工程位于灵寿县青同镇北贾良小学，教学楼规模较小，框架4层，1900m²；门卫25m²，共计1925m²。学生人数229人，考虑到实际情况，设置10个教室，其中设4个大班（45人）、6个小班（30人）。小班按30人设计，大班按45人设计。

功能教室：计算机教室、实验室、图书阅览室、美术教室、音乐教室、体育器材室，以及合班教室各1个。

人视效果图

灵寿北关小学教学楼

项目地点：石家庄灵寿县北关小学校内
设计时间：2021年
用地面积：2553.84m²
建筑面积：1084.60m²
班级规模：10班
设计阶段：方案、施工图设计

现状照片

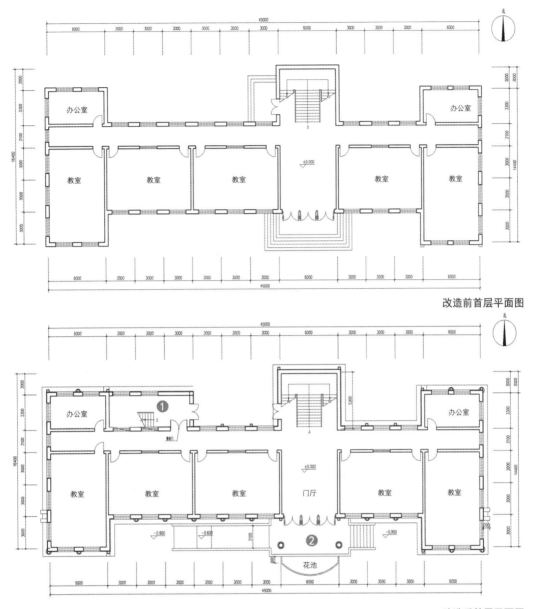

改造前首层平面图

改造后首层平面图

此项目建设地点位于灵寿县北关小学校内，2021年1月受业主委托对县内四所学校进行现场踏勘和设计。北关小学作为其中的一所，相对其他学校建筑更为破旧。

现状教学楼为两层，外墙贴有白色、红色面砖，檐口处有折形造型。室内外高差较大，入口处有6级台阶。双面楼，内走廊，单层平面约500m²，平面疏散仅包含一部楼梯。

① 增加楼梯
② 出入口改造

人视效果图

灵寿大吴庄小学教学楼

项目地点：石家庄灵寿县大吴庄小学校内
设计时间：2021年
用地面积：1014.20m²
建筑面积：805.12m²
班级规模：8班
设计阶段：方案、施工图设计

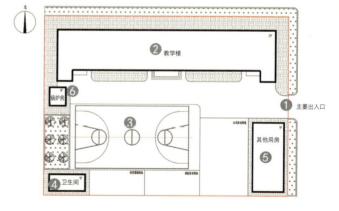

总平面图

① 主要出入口　② 教学楼　③ 篮球场地
④ 卫生间　　　⑤ 其他用房　⑥ 锅炉房

根据现场情况了解到，教学楼为三层，中间为门厅，现状作为办公楼用。外墙材料为水刷石，有简单线条造型，局部脱落。

南侧为明德楼，三层，外墙贴砖红色面砖，局部面砖有脱落，存在一定的安全隐患。

设计要求：

一、外墙面

1）外观改造设计要有一定的理念风格，造型简单大方得体，学校风格要统一协调。

2）外墙面用真石漆。

3）外墙保温用10mm厚真空保温隔热板。

4）部分教学楼的外墙原来贴有面砖，有些已经脱落，因此需要考虑处理原瓷砖。

二、室内改造

1）有水房间墙面、地面贴砖，顶部吊顶。

2）内墙重新粉刷，地面铺砖。

3）更换窗户、窗台板。

4）强电弱电改造，按规范设置。

5）采暖更换为地暖系统。

三、室外场地

1）拆除院内西侧简易房，以及车棚、影壁墙。

2）更换院内铁艺栏杆。

3）院内道路重新铺设。

4）修整院内广场的硬化铺装。

现状照片

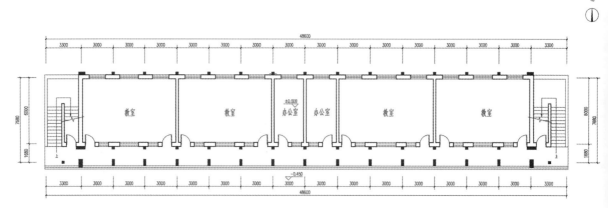

改造前首层平面图

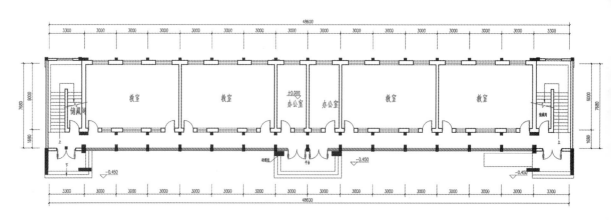

改造后首层平面图

鸟瞰效果图

灵寿县南营乡团泊口小学

项目地点：灵寿县南营乡团泊口小学
设计时间：2017年
用地面积：4086.95m²
建筑面积：3994.28m²
设计阶段：方案、施工图设计

人视效果图

灵寿县南营乡团泊口小学在团泊口村现有公路的南侧坡地上，穿过两排民房、顺路上坡，在道路的西侧为现有小学的地址。小学的南侧为小山，西侧为深坑，学校大门向南。学校场地基本平整，西侧高东侧低，有约0.6m的高差（现场有台阶）。学校现有场地的排水是由西侧向东侧排，通过围墙上的排水口排至东侧的道路，再顺地势向北流，经大坡排至北侧的道路及道路北侧的河沟（东西向的河沟）。

学校的西侧处于高场地部分，南边是5层楼的教师周转宿舍，北边是1层的10间平房（现为宿舍及办公室）。东侧场地较低，南边共两排教室，每排为4间教室和1间办公室。

学校场地整体呈不规则的梯形。

设计要求：

1）学校规模：200名学生。

2）总建筑面积：约2000m²。

3）班数：每个年级一个班，共设计7个普通教室和2个学前班，每班按30人设计。

4）办公室：校长室（1间）、普通办公室（1间）、教师办公室（大开间，双间，共同办公）。

5）功能教室：实验室（含仪器室）、专用教室6间。

6）学生食堂按120人同时就餐使用，面积约300m²。

7）住宿按140人考虑，原有平房按6人/间考虑，新建宿舍8人/间。

8）根据地形，削除部分南侧山丘，拉直围墙，操场新做，体育器材室增加采暖设备。

9）新建室外厕所及教学楼内厕所共用新建化粪池。

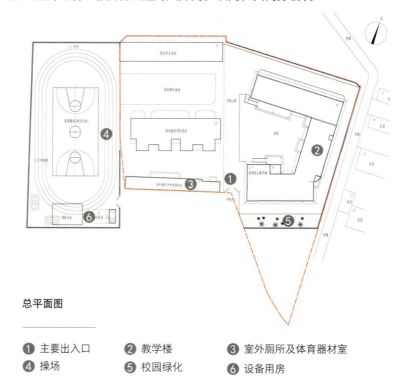

总平面图

❶ 主要出入口　❷ 教学楼　❸ 室外厕所及体育器材室
❹ 操场　❺ 校园绿化　❻ 设备用房

1 门厅
2 实验室
3 浴室
4 厨房
5 餐厅

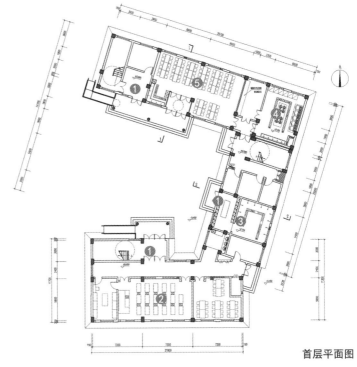

首层平面图

1 楼梯
2 卫生间
3 宿舍
4 教室
5 卫生室
6 美术教室

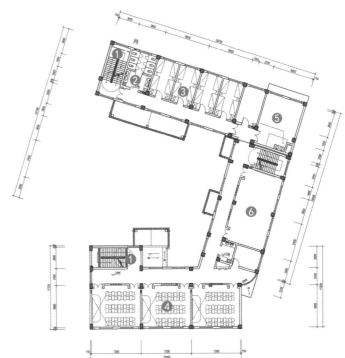

二层平面图

人视效果图

灵寿县青同镇护驾疃小学教学楼

项目地点：石家庄市灵寿县青同镇护驾疃小学
设计时间：2014年
用地面积：2773.69m²
建筑面积：839.90m²
设计阶段：方案、施工图设计

本工程位于灵寿县青同镇护驾疃小学校内，学校用地较为狭长，东西约32m，南北约84m。

学校主要出入口位于东侧村路上，正对主大门为学校主路，道路北侧为新建教学楼，道路南侧为操场运动区。

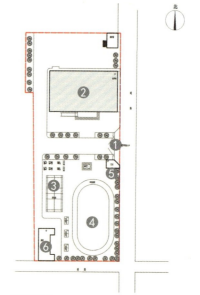

总平面图

① 出入口　　② 教学楼
③ 羽毛球场地　④ 操场
⑤ 门卫　　　⑥ 厕所

现代教育建筑设计 | 中铁建安工程设计院有限公司设计纪实

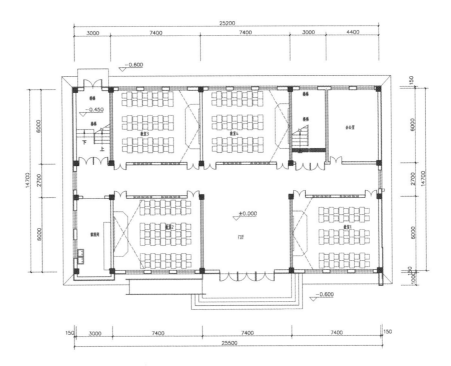

首层平面图

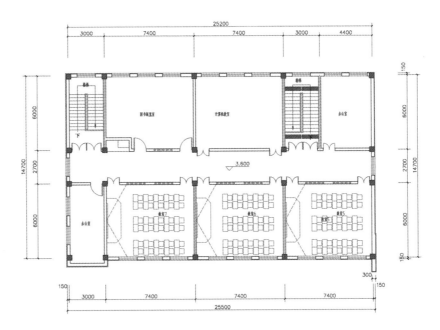

二层平面图

鸟瞰效果图

灵寿县塔上镇塔上小学

项目地点：灵寿县塔上镇塔上小学
设计时间：2014年
用地面积：2996.00m²
建筑面积：1108.98m²
设计阶段：方案、施工图设计

教学楼效果图

大门效果图

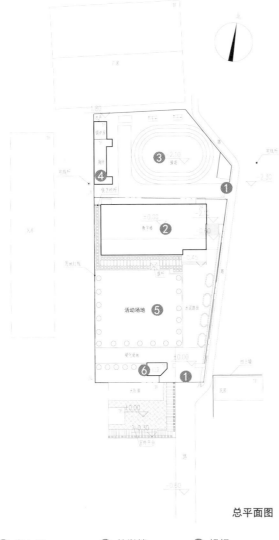

本工程为灵寿县塔上镇塔上小学教学楼。地上共二层,总建筑面积1006.8m²。

设计要求:

1)外墙面:墙裙贴亚麻灰面砖。墙面刷暗红色涂料。装饰墙与门厅雨棚刷白色涂料。门厅外圆柱刷红色涂料,上部方形装饰柱刷红色涂料。

2)门窗:外窗框料采用80系列断桥铝合金安中空玻璃(6mm+12mm+6mm),局部为明框玻璃幕墙。内窗为5mm厚白玻璃。外门为铝合金框玻璃门,内门为硬柞木门。门厅大门为不锈钢边框玻璃门。

3)地面:普通教室、办公室、走廊地面铺600mm×600mm防滑地砖;卫生间、热水间铺400mm×400mm防滑地砖;入口门厅外台阶及门斗处铺800mm×800mm防滑普通地砖。

4)内墙面:卫生间、热水间1.8m以下贴内墙砖,1.8m以上为涂料墙面;其他房间为涂料墙面。

5)墙裙:走廊、门厅、活动厅、楼梯间,1.5m以下为面砖墙裙;1.5m以上为涂料墙裙。

6)踢脚:均为水泥踢脚。

7)屋顶:为70mm厚挤塑保温板。

8)楼梯间:做防滑地砖踏步,扶手采用成品不锈钢栏杆。

总平面图

① 出入口　② 教学楼　③ 操场
④ 厕所、锅炉房　⑤ 活动场地　⑥ 门卫

教学楼南北立面图

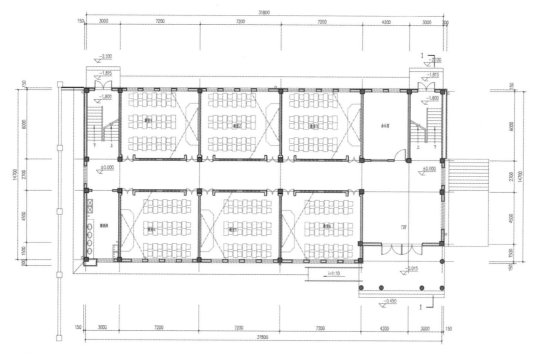

教学楼首层平面图

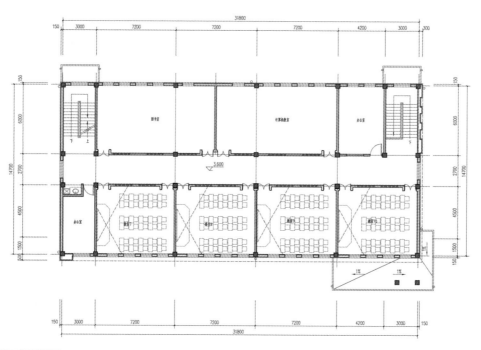

教学楼二层平面图

建成后现场照片

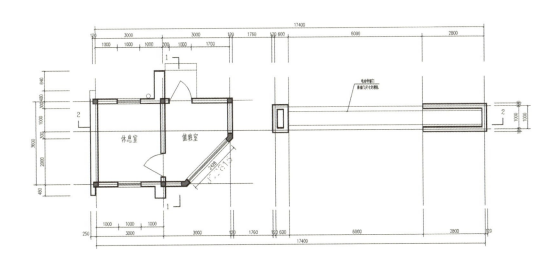

大门平面图

人视效果图

灵寿县谭庄乡山门口小学教学楼

项目地点：石家庄市灵寿县谭庄乡山门口小学
设计时间：2014年
用地面积：2170.00m²
建筑面积：1475.50m²
设计阶段：方案、施工图设计

本工程位于灵寿县谭庄乡山门口小学校内，学校用地为长方形，东西约32m，南北约70m。学校主要出入口位于南侧村路上，正对主大门为学校主路，北侧为新建教学楼。

教学楼为三层框架结构，教学楼规模较小，共有9个标准教室、5个教师办公室和5个功能教室。

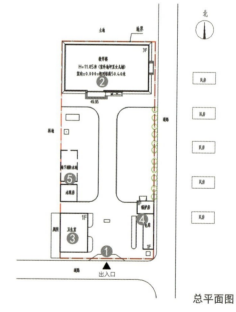

总平面图

① 出入口　　② 教学楼　　③ 卫生室
④ 锅炉房、仓库　⑤ 设备用房

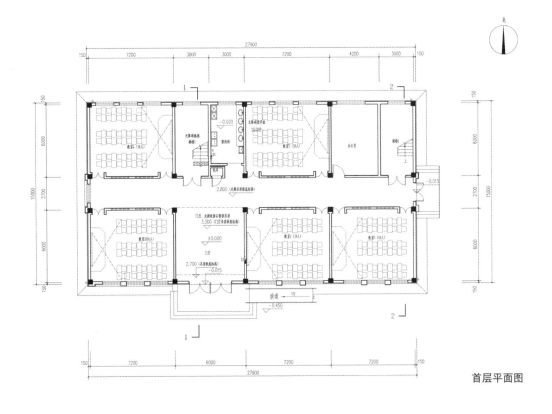

首层平面图

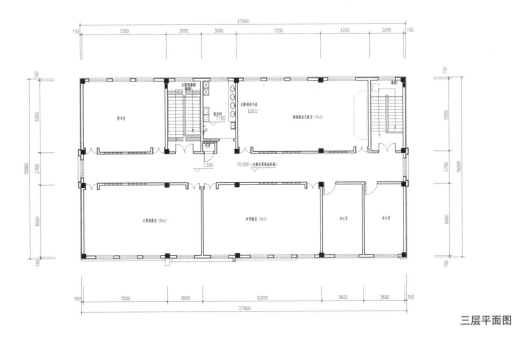

三层平面图

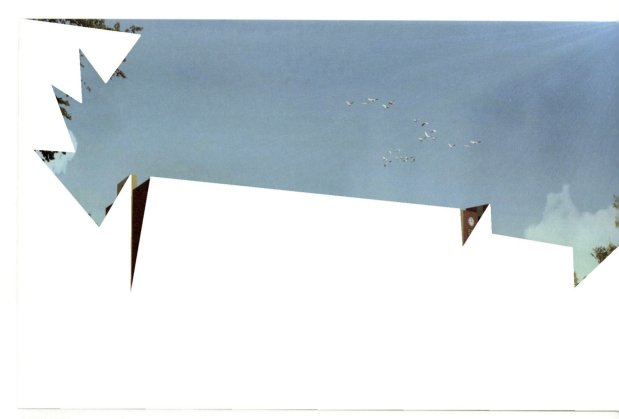

人视效果图

灵寿县谭庄乡品琪小学

项目地点: 石家庄市灵寿县谭庄乡品琪小学
设计时间: 2014年
用地面积: 2439.97m²
建筑面积: 861.60m²
设计阶段: 方案、施工图设计

本工程位于灵寿县谭庄乡品琪小学校内,学校用地为正方形用地,东西约50m,南北约46m。学校主要出入口位于南侧村路上,次要出入口位于西侧村路上。

教学楼地上两层,砖混结构,建筑主体高度8.55m,建筑外墙装修采用涂料墙面,深橘红色外墙涂料与淡黄色外墙涂料搭配,颜色与周围建筑协调。

1 主出入口
2 次出入口
3 教学楼
4 附属用房
5 硬化广场
6 卫生间

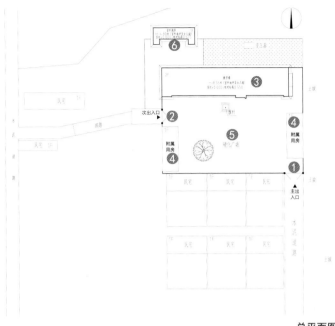

总平面图

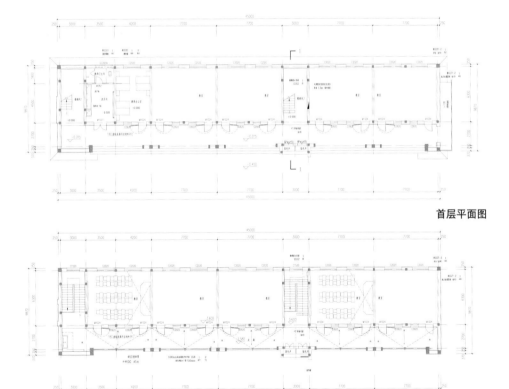

首层平面图

二层平面图

人视效果图

灵寿县三圣院乡同下小学教学楼

项目地点：石家庄市灵寿县三圣院乡同下小学
设计时间：2014年
用地面积：6785.09m²
建筑面积：1296.00m²
设计阶段：方案、施工图设计

本工程位于灵寿县三圣院乡同下小学校内，学校用地为长方形，东西约53m，南北约127m。学校主要出入口位于东侧村路上，正对主大门为学校活动场地，北侧为新建教学楼。

新建教学楼为三层框架结构，教学楼规模较小，共有9个标准教室和3个教师办公室。

总平面图

① 出入口　② 新建教学楼　③ 原教学楼
④ 活动场地　⑤ 厕所

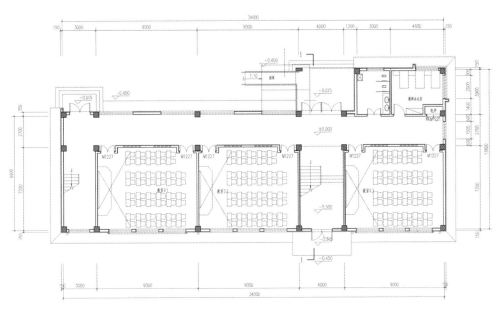

首层平面图

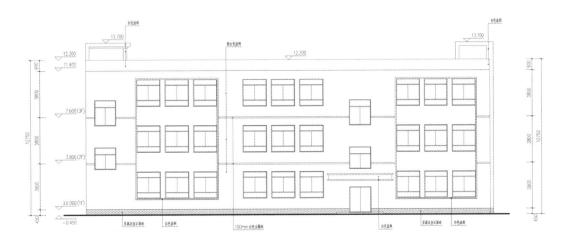

南立面图

鸟瞰效果图

石家庄市中华绿园小学

项目地点：河北省石家庄市新华区
设计时间：2014年
用地面积：7249.12m²
建筑面积：3324.60m²
设计阶段：方案、施工图设计

大门效果图

教学楼效果图

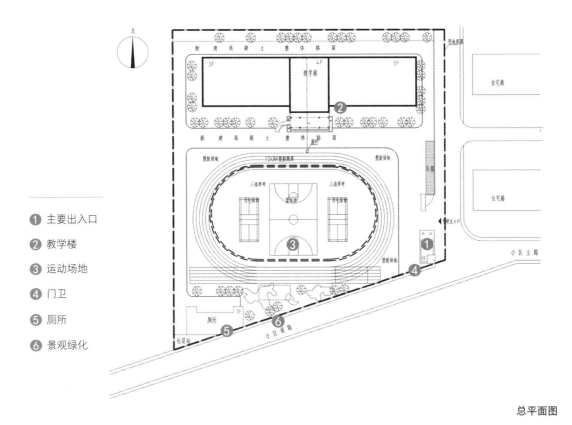

① 主要出入口
② 教学楼
③ 运动场地
④ 门卫
⑤ 厕所
⑥ 景观绿化

总平面图

本工程最初设计于2002年,完成施工已经超过10年,建筑主体三层(局部四层),砖混结构。由于建成后多年来作其他用途,多家单位的使用性质也不同,造成原建筑被改造得较为混乱,已经不能满足教学的需要,因此整治改造将进行以下工作:

一、外墙面

外墙面重新粉刷,立面造型做适当的更新变化。

外门窗全部更换为断桥铝合金框中空玻璃窗,首层的外门更换为不锈钢框地弹簧门。

二、室内改造

教室、功能教室及办公室重新安排布置。

根据教室的安排情况,相应设置黑板、讲台。

所有内门都进行更换。

楼梯更换不锈钢扶手、栏杆。

有水房间墙面、地面贴砖,顶部吊顶。

三、室外场地

新设计学校的大门。

新设计室外学生用厕所。

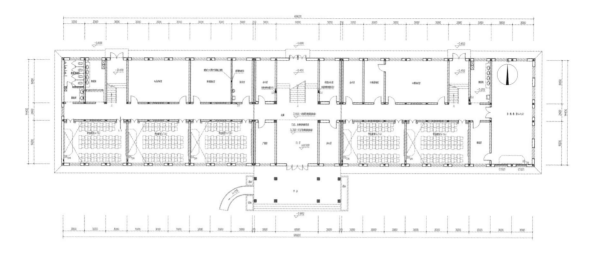

首层平面图

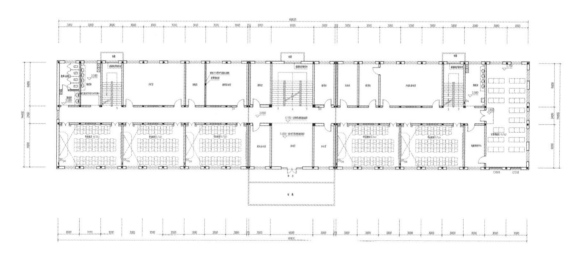

二层平面图

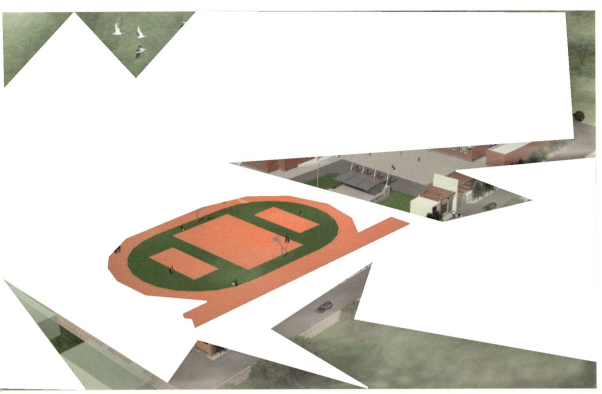

鸟瞰效果图

石家庄市水源街小学（万信校区）

项目地点：石家庄市新华区北城路
设计时间：2014年
用地面积：6983.20m²
建筑面积：4322.40m²
设计阶段：方案、施工图设计

本工程为石家庄市水源街小学（万信校区）改造工程，对现有教学楼及风雨操场进行改造，新建公厕、门卫及教辅用房。

教学楼为框架结构，建筑高度为18.60m（室内外高差0.600m），建筑面积3815.00m²（其中风雨操场542.08m²）。功能教室有活动室、自然教室、图书阅览室、计算机教室、美术教室、音乐教室各一个。

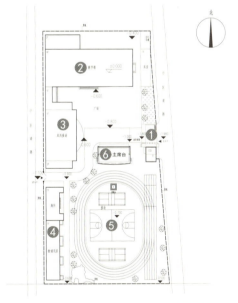

总平面图

① 出入口　② 教学楼　③ 风雨操场
④ 辅助用房　⑤ 操场　⑥ 主席台

主席台效果图　　　　　　　　　　　　　　　　　　大门效果图

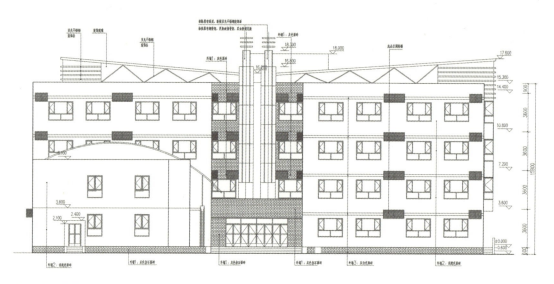

教学楼南立面图

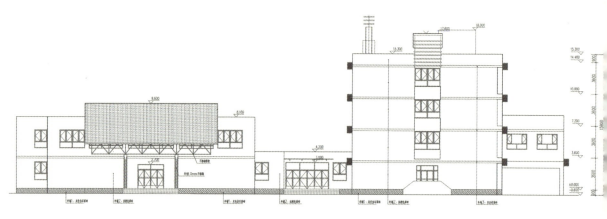

教学楼东立面图

教学楼首层平面图

教学楼三层平面图

建筑设计案例
Architectural Design Caes

PART **IV**

幼儿园篇
Kindergarten

设计要点

■ **安全性**

结构稳定：经过结构计算满足建筑能够承受各种自然和正常活动的影响，对比选择耐久稳定的建筑材料。

防滑、防碰撞：幼儿园场地应平整、防滑、无障碍、无尖锐突出物，并宜采用软质地坪；幼儿园内部装修应有符合规范的安全设计，防止幼儿在活动中受到伤害。

满足防火要求：设置满足规范的安全出口与逃生通道，选用满足防火要求的装修材料和逃生设施。

防护要求：对低于防护高度的窗台，应从可踏部位顶面设置防护措施，窗距离楼地面的高度小于或等于1.80m的部分，不应设内悬窗和内平开窗扇；对外廊、室内回廊、内天井、阳台、上人屋面、平台、看台及室外楼梯等临空处应设置防护栏杆，栏杆应以坚固、耐久的材料制作。防护栏杆的高度应从可踏部位顶面起算，设置满足规范要求的防护措施。对于室内楼梯除设成人扶手外，应在梯段两侧设幼儿扶手，且当楼梯井净宽度大于0.11m时，必须采取防止幼儿攀滑措施。楼梯栏杆应采取不易攀爬的构造，当采用垂直杆件做栏杆时，其杆件净距不应大于0.09m。

■ **舒适性**

充足的采光：利用自然光照明，减少人工照明，同时保证室内光线明亮，有利于幼儿的视力健康和活动，并满足现行国家规范所规定的采光设计标准。

托儿所、幼儿园的活动室、寝室及具有相同功能的区域，应布置在当地最好朝向，冬至日底层满窗日照不应小于3h。

良好的通风：确保幼儿园有良好的通风系统，保持室内空气清新，满足规范所要求的换气次数与新风量的要求。

清晰的布局：注重区块设计，将生活用房、服务管理用房、供应用房等区块进行导向设计，清晰的布局可帮助幼儿和家长快速识别各个区域。

■ 可持续性

绿色建材：选择可再生、环保的建筑材料，减少对环境的影响。

节能设计：采用节能的照明和空调系统，降低能耗；适当减小体形系数与不必要的装饰构件，减小建筑耗能的增加；合理利用太阳能、风能等可再生能源。

提高能源利用效率：例如建造雨水收集系统，提高水资源的利用效率。

■ 教育性与趣味性

教育理念融合：建筑设计应与幼儿园的教育理念相融合，营造符合幼儿心理发展的教育环境。

趣味性设计：通过色彩、形状等元素的运用，增加建筑的趣味性，激发幼儿好奇心和探索欲。

■ 室外空间设计

设置安全的游乐设施，如滑梯、秋千等，满足幼儿的户外活动需求。

设置专用室外活动场地、公用室外活动场地，满足规范要求。

室外活动场地应有1/2以上的面积在标准建筑日照阴影线之外。

提供适合幼儿游戏的自然草坪和开放空间，促进幼儿与自然的亲近。场地内绿地率不应小于30%。

1. 设计要求

1) 应提供功能齐全、配置合理、使用灵活的各类幼儿生活用房。

2) 创造适宜幼儿身心健康发展的建筑环境，使之儿童化、绿化、美化、净化。满足日照通风条件的要求，避免不利的环境因素对幼儿生理、心理产生的危害。

3) 保障幼儿的安全，要特别关注幼儿最易接触部位的室内外细部设计，完备监控设施，防范危险发生。

4) 有利于保教人员的管理和后勤的供应服务。

2. 规模与参考面积

1) 幼儿园办园规模（表4-1）

幼儿园办园规模　　　　　　表4-1

规模	班数	人数
大型	12班	300~360人
中型	9班	230~270人
小型	6班	150~180人

2) 幼儿园班级规模（表4-2）

幼儿园班级规模　　　　　　表4-2

编班	年龄	每班人数
小班	3~4岁	20~25人
中班	4~5岁	26~30人
大班	5~6岁	31~35人

3) 幼儿园用地面积与建筑面积（表4-3）

幼儿园用地面积与建筑面积（单位：m^2/人）　　表4-3

名称	用地面积			建筑面积		
	6班	9班	12班	6班	9班	12班
全日制幼儿园	16.79	15.77	15.19	13.55	13.13	12.77
寄宿制幼儿园	17.58	16.53	15.91	14.05	13.51	12.96

3. 选址与总平面布局

1) 选址原则

(1) 选址应避开不利的自然条件和城市设施。

(2) 布点应适中便利。

(3) 环境应优美卫生。

(4) 地段应舒畅安全。

(5) 用地应达标规整。

2) 总平面设计原则

(1) 园门外应有缓冲地带。

(2) 功能关系应明确。

(3) 游戏场地应平整、开阔。

(4) 建筑物与场地应有良好的日照通风。

(5) 室外场地设施的配置应满足教学要求。

(6) 创造优美的景观和绿化环境。

4. 平面布原则

1) 应结合用地条件，合理布置园舍与游戏场地的最佳布局，充分满足各自的使用需求。

2) 幼儿用房、管理用房、后勤用房三大功能分区明确，功能关系有机（图4-1）。

3) 班级活动单元各幼儿用房布置紧凑，满足日照通风要求。

4) 有利于创造造型的小尺度特征。

(1) 平面功能关系（图4-2）。

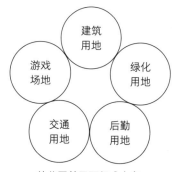

幼儿园总平面组成内容

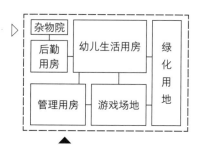

幼儿园总平面功能关系

图4-1 幼儿园总平面组成内容和功能关系

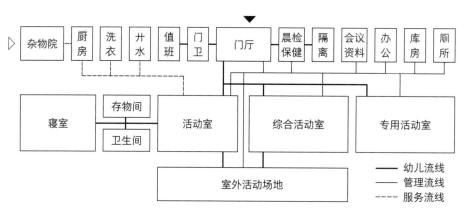

图4-2 平面功能关系

(2)建筑平面组合方式(表4-4)。

建筑平面组合方式　　　　　　　　　　　　表4-4

分散式	毗邻式
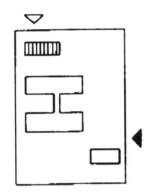	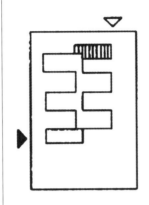
• 厨房对幼儿生活区无干扰，但送餐不便； • 管理用房对外联系方便； • 建筑布局欠紧凑，内部联系不便； • 各用房建筑标准可区别对待	• 节约用地，有利于游戏场地完整； • 交通面积少，内部联系方便
内院式	集中式
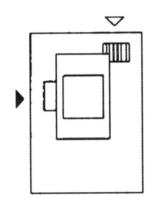	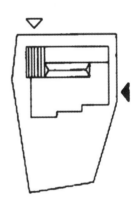
• 功能关系密切； • 流线短捷； • 内院氛围活跃	• 建筑组合紧凑适宜不规则狭小用地； • 功能关系密切； • 流线短捷； • 中庭空间使用灵活

（3）幼儿生活用房平面组合方式（表4-5）。

幼儿生活用房平面组合方式　　　　　　表4-5

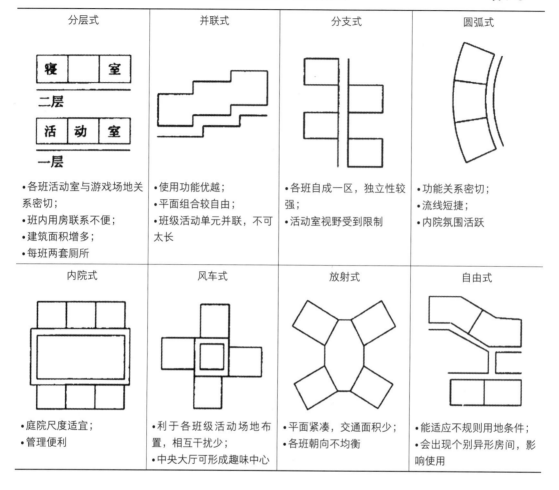

（4）班级活动单元平面组合方式（表4-6）。

班级活动单元平面组合方式　　　　　　表4-6

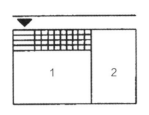	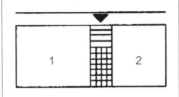	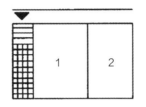
•活动室与寝室日照好； •活动室采光不均匀，通风欠佳； •卫生间间接采光，卫生条件稍差	•各用房日照、通风良好； •活动单元进深浅面宽大，用地不经济； •衣帽间门太多	•活动室南向面宽较窄； •寝室与卫生间关系不密切
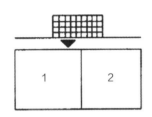	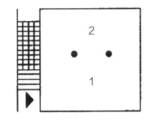	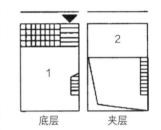
•活动室与寝室日照好； •活动室采光不均匀，通风欠佳； •卫生间间接采光，卫生条件稍差	•各用房日照、通风良好； •活动单元进深浅面宽大，用地不经济； •衣帽间门太多	•室内空间及造型富于变化； •活动室空间高敞，不利节能； •寝室与卫生间联系不便，班级活动单元占地较小，节约用地

设计案例

鸟瞰效果图

广东茂名市第三幼儿园

项目地点：广东省茂名市
设计时间：2021年
用地面积：17039.33m²
建筑面积：23990.29m²
班级规模：36班
设计阶段：方案、初步设计

现代教育建筑设计 | 中铁建安工程设计院有限公司
设计纪实

此项目位于广东省茂名市茂南区城市管理综合执法大队东侧，茂名市消防局西南角。项目地块周边有多条市政道路，交通便利，南侧靠近站南公园，北侧有一些住宅区，周边配套设施完善，商业繁荣，为学生提供了良好的生活学习环境。

在接到设计任务时，对场地进行实地踏勘，用地红线内及周围为大面积水洼地，用地范围的北侧有东西向的110kV高压线且短时间内不会迁移或者入地；交通方面，项目北侧道路为居住区道路，西侧及南侧为规划道路。规划条件中的限制条件明确了容积率限值1.8，绿地率不小于35%，限高24m等要求。

前期方案策划阶段与项目业主、使用方多次沟通，在满足建设规模前提下，结合茂名市当地的气候特点，业主希望尽量多地增加风雨廊、连廊等半室外空间，一方面防晒避雨，特殊天气也能保证幼儿的正常活动；另一方面，考虑幼儿数量较多，接送时瞬时大量人流的疏散问题也是重中之重。

规划设计将建筑形体布局为"3"字形，半围合空间为室外活动空间，这样在用地范围内，形成自南而北的建筑—室外空间—建筑—室外空间—建筑的集中式布局。室外活动空间与室内功能在流线上进行串联，加强了内外空间互动的紧密性，使用上更加高效便捷。

用地影像图

用地影像图

幼儿园主要出入口位于场地北侧，场地入口广场设置家长停车接送区（即走即停）和非机动车停车区，集散广场面积约1600m²。次要出入口位于场地南侧粤华三街上。地下车库为教职工停车区，采用单坡道设计南进北出。结合场地条件及动静分离使用需求，建设幼儿园主楼一栋（地上4层、地下1层），形体呈"3"字形，贴合第三幼儿园的主题；单层门卫室2栋，分别位于园区主次出入口；场地内室外设置幼儿活动场地，满足每班60m²，集中场地2160m²。

围绕幼儿园主楼周围为活动场地，满足4m宽通行消防车的要求，满足消防救援要求的同时兼顾师生绿道慢跑需求。机动车停车统一设置在主楼地下一层，车库出入口与人员分开，人车分流。

根据路网条件及规划要求，按照避免大挖大填原则，进行以下设计处理：

1）设计幼儿园主楼正负零相当绝对标高27.60m，通过缓坡与周围道路广场连接。

2）结合规划路网标高，主要出入口绝对标高26.95m，次要出入口绝对标高26.800m，疏散广场采用台阶、绿化分隔及无障碍坡道连接场地入口及主楼主入口。

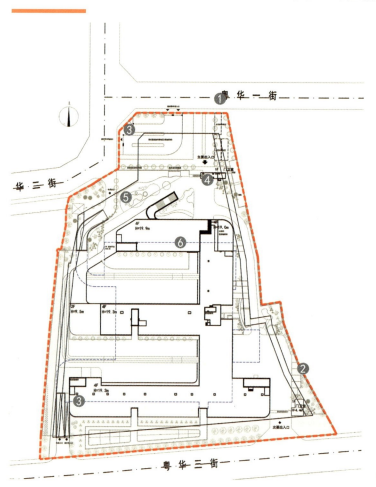

❶ 主要出入口
❷ 次要出入口
❸ 车库出入口
❹ 幼儿园
❺ 活动平台
❻ 室外活动场地

总平面图

首层平面图

夜景沿街效果图

活动庭院效果图

规划建设大规模幼儿园，设置36个班，计划招生人数合计1080人。规划用地面积17039.33m^2，总建筑面积为23547.47m^2，建筑密度28%，容积率0.98，绿地率为35.02%，符合《幼儿园建设标准》建标175—2016的要求。设计功能包含了门厅、保健隔离室、每班105m^2合用活动室（兼寝室）及分开设置的133m^2活动室与寝室、每班33m^2卫生间与衣帽间、办公室、会议室、后勤用房、洗衣间等使用房间。

① 幼儿教室
② 楼梯间
③ 盥洗衣帽间
④ 卫生间
⑤ 消防控制室
⑥ 后勤厨房

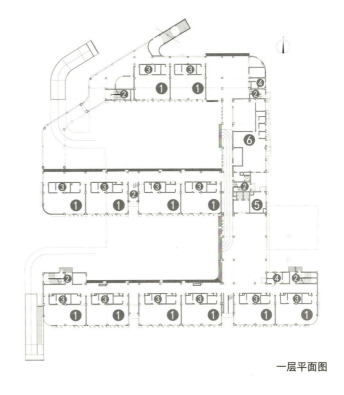

一层平面图

① 幼儿教室
② 楼梯间
③ 盥洗衣帽间
④ 卫生间
⑤ 办公室
⑥ 活动室

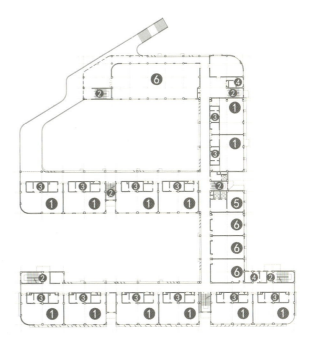

二层平面图

人视效果图

幼儿园篇

人视效果图

灵寿县松阳第一幼儿园

项目地点：石家庄市灵寿县东合村
设计时间：2020年
用地面积：6596.00m²
建筑面积：3813.45m²
班级规模：12班
设计阶段：方案、施工图设计

项目地址在原灵寿县东合村小学院内，紧临县城南环西路，所占土地周边无工矿企业，亦无高大建筑物，幼儿园所有建筑物的通风采光条件较好，地理位置优越，所处环境较好。灵寿县松阳第一幼儿园占地面积0.6596公顷，建成后招收幼儿360人，服务人口9231人。

本工程设计规模为12班幼儿园，总建筑面积为3813.45m²，内设活动室12个，并设伙房、办公室及其他功能室，新建围墙等附属工程。人均建筑面积为11.22m²/人；容积率为0.57，符合《幼儿园建设标准》建标175—2016的要求。

方案一效果图

本方案建筑主体材质采用浅灰色仿石真石漆，局部采用彩色真石漆并辅以木色装饰条，整体立面简约活泼，符合幼儿的心理；立面采用"取景框"的构图手法，象征幼儿眼中看世界，对五彩斑斓世界的好奇和探索，另外，立面细部采用彩色穿孔板，丰富立面的同时起到遮挡空调室外机的作用；主入口采用彩色弧形墙，将南北楼沿街立面联系起来，提升入口形象，同时也象征学校张开怀抱，欢迎小朋友的到来。

方案二效果图

本方案建筑主体材质采用浅黄色真石漆，辅以彩色装饰构架，凸显明快活泼的建筑气质；立面细部使用彩色穿孔板，丰富立面的同时起到遮挡空调室外机的作用。

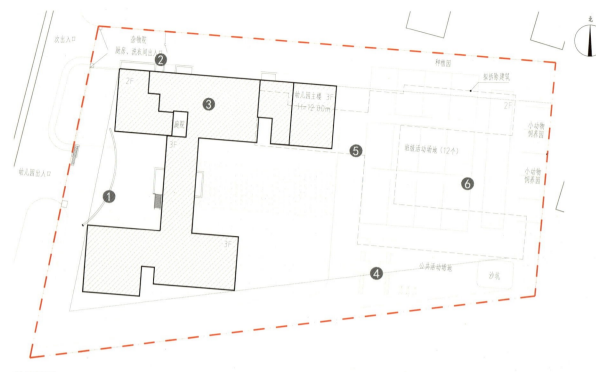

总平面图

1 主要出入口
2 次要出入口
3 教学楼
4 器械活动场地
5 班级活动场地
6 30m 跑道

1 门厅、晨检厅
2 教室
3 厨房
4 洗衣间
5 卫生间
6 办公室

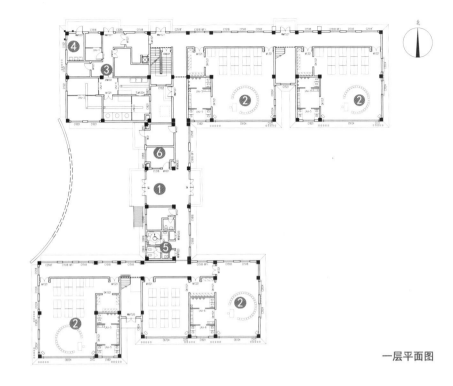

一层平面图

1 门厅、晨检厅
2 教室
3 厨房
4 洗衣间
5 卫生间
6 办公室

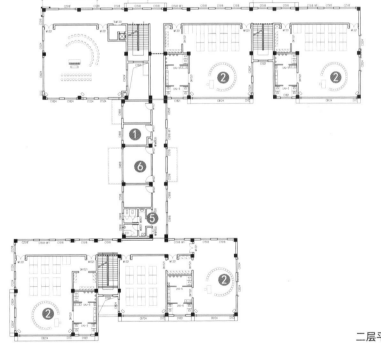

二层平面图

灵寿县慈峪镇中心幼儿园

项目地点：石家庄市灵寿县慈峪镇
设计时间：2015年
用地面积：3259.00m²
建筑面积：1312.00m²
班级规模：6班
设计阶段：方案、施工图设计

人视效果图

本项目位于灵寿县慈峪中心幼儿园院内，现状内拆除南侧一层平房，保留北侧现状二层建筑（含厨房），新建规模为6个班的幼儿园主楼，结构形式为砖混结构。

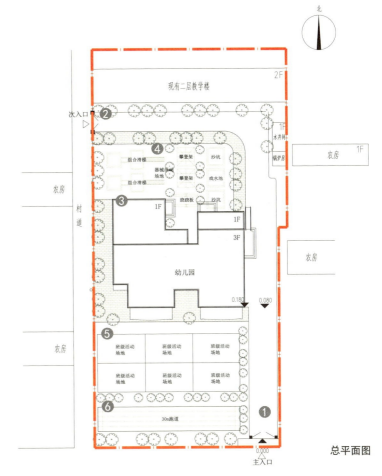

1 主要出入口
2 次要出入口
3 教学楼
4 器械活动场地
5 班级活动场地
6 30m跑道

总平面图

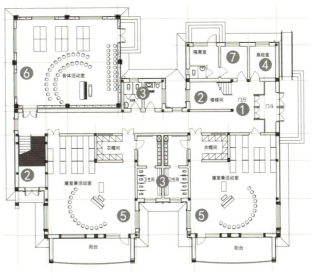

1 门厅、晨检厅
2 楼梯间
3 卫生间
4 办公室
5 标准型教室
6 音体活动室
7 观察、保健室

一层平面图

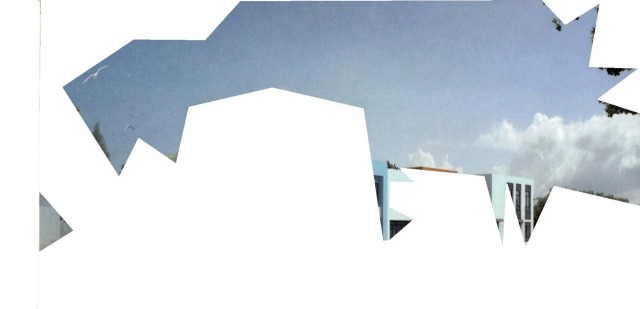

人视效果图

赵县秀才营幼儿园

项目地点：石家庄市赵县秀才营村
设计时间：2021年
用地面积：3787.27m²
建筑面积：1876.00m²
班级规模：4班
设计阶段：方案、施工图设计

此项目位于河北省石家庄市赵县秀才营村。东临农户，南邻大街，西邻巷道，北邻大街。本项目建设不利环境：一是现有地块需要拆除现有两栋二层楼；二是最南侧有小学教学楼对幼儿园采光有影响。

本工程设计为4班幼儿园，总建筑面积为1876.00m²，容积率为0.49，符合《幼儿园建设标准》建标175—2016的要求。设计功能包含了门厅、保健隔离室、每班117m²合用活动室（兼寝室）、每班44m²卫生间与衣帽间、办公室、会议室、后勤用房、洗衣间等房间。

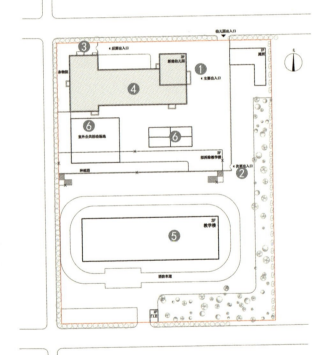

总平面图

① 主要出入口 ② 次要出入口 ③ 后厨出入口
④ 幼儿园 ⑤ 教学楼 ⑥ 室外公共活动场地

现代教育建筑设计 | 中铁建安工程设计院有限公司
设计纪实

人视效果图

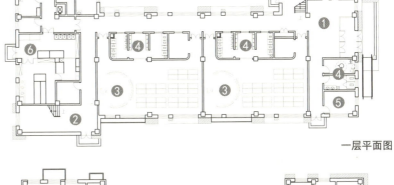

① 门厅、晨检厅
② 楼梯间
③ 标准教室
④ 卫生间
⑤ 办公室
⑥ 后勤厨房

一层平面图

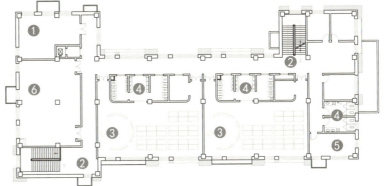

① 会议室
② 楼梯间
③ 标准教室
④ 卫生间
⑤ 办公室
⑥ 多功能活动厅

二层平面图

人视效果图

赵县各南幼儿园

项目地点：石家庄市赵县各南村各南学校院内
设计时间：2020年
竣工时间：2022年
用地面积：6596.82m²
建筑面积：4541.86m²
班级规模：6班
设计阶段：方案、施工图设计

本项目位于赵县谢庄乡各南村各南学校院内，东、南、北三侧临村路，西临农田。项目选址小学院内南侧空地，阳光充足，地势平坦，与众多村内幼儿园限制性条件类似，本项目突出特点为用地较狭小，东西约40m，南北约47m，在如此紧凑用地条件下建设规模为6个班的幼儿园是本项目的难点。

规划设计时对现状进行分析，考虑到建筑间距、与现状建筑的防火间距，本项目主楼东西向最大面宽约30m，在此范围内除南向解决幼儿生活用房外，办公室、晨检隔离、后厨区、楼梯间等用房皆需要采光，因此平面设计时设置内天井，并于二层部分用房收进，使得天井在二层即可直接对外，在有限条件下改善微小天井的采光通风效果。

经过多次功能布局对比，在平面见方尺寸约29m×28m的范围内，设置6个幼儿生活用房，北侧后厨区直接对外直通杂物院，功能完善且满足相关规范要求。总建筑面积为2195.43m²，容积率为0.68。

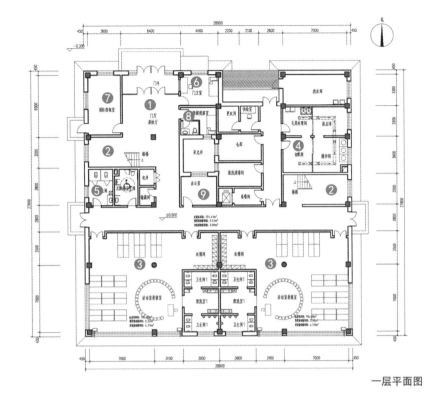

1 门厅、晨检厅
2 楼梯间
3 活动室兼寝室
4 后勤厨房
5 卫生间
6 门卫室
7 消防控制室
8 保健观察室
9 办公室

一层平面图

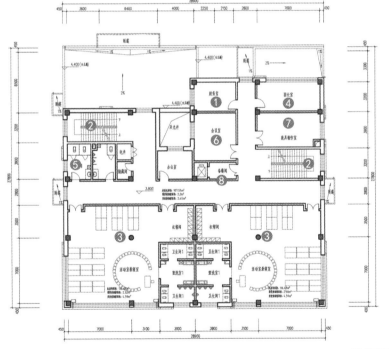

1 财务室
2 楼梯间
3 活动室兼寝室
4 园长室
5 卫生间
6 会议室
7 教具制作室
8 备餐间

二层平面图

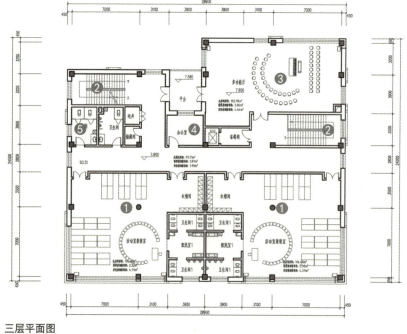

三层平面图

1. 活动室兼寝室
2. 楼梯间
3. 多功能厅
4. 办公室
5. 卫生间

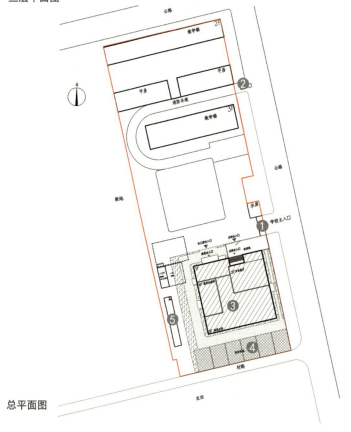

总平面图

1. 主要出入口
2. 次要出入口
3. 教学楼
4. 室外活动场地
5. 厕所

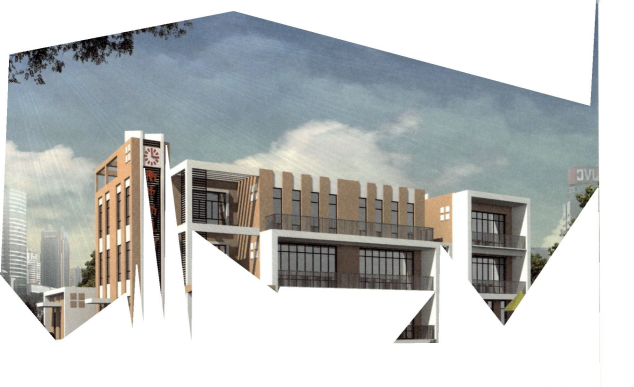

人视效果图

衡水中学幼儿园

项目地点： 河北省衡水中学北侧
设计时间： 2014年
用地面积： 4049.31m²
建筑面积： 2457m²
班级规模： 9班
设计阶段： 方案、施工图设计

此项目建设地点位于河北省衡水市衡水中学北侧，幼儿园东侧为纵一路，北侧为横一路，建设用地平坦，适宜本项目的建设。

本工程共设计9个班幼儿园，总建筑面积为2547m²，本建筑地上三层，建筑主体高度为11.75m，建筑的主要功能包括活动室兼卧室、教室、食堂、医务室、活动室、会议室和办公室等。

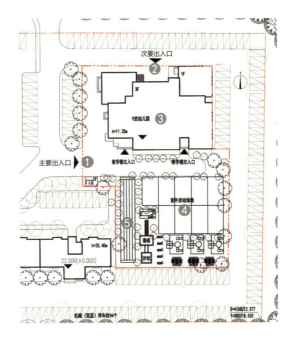

总平面图

① 主要出入口　② 次要出入口　③ 教学楼
④ 室外活动场地　⑤ 跑道

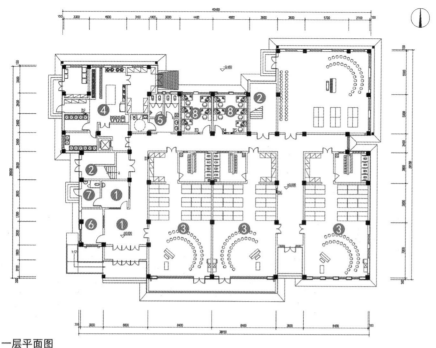

一层平面图

1 门厅、晨检厅
2 楼梯间
3 活动室兼寝室
4 后勤厨房
5 卫生间
6 门卫室
7 保健观察室
8 办公室

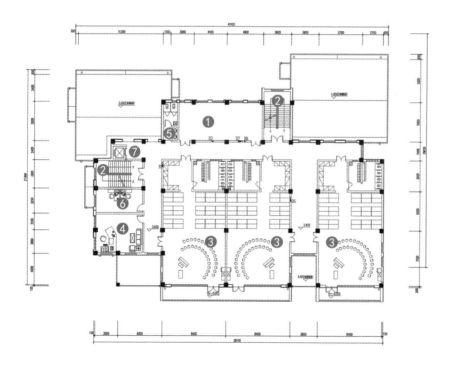

二层平面图

1 教室
2 楼梯间
3 活动室兼寝室
4 园长室
5 卫生间
6 办公室
7 备餐间

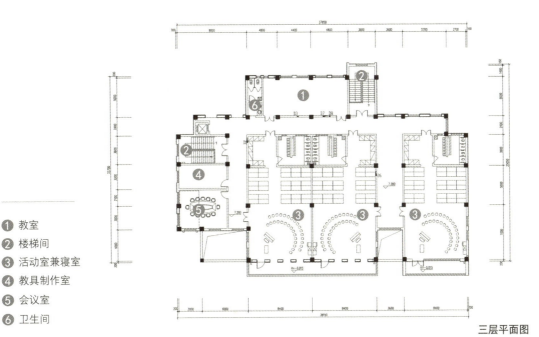

1. 教室
2. 楼梯间
3. 活动室兼寝室
4. 教具制作室
5. 会议室
6. 卫生间

三层平面图

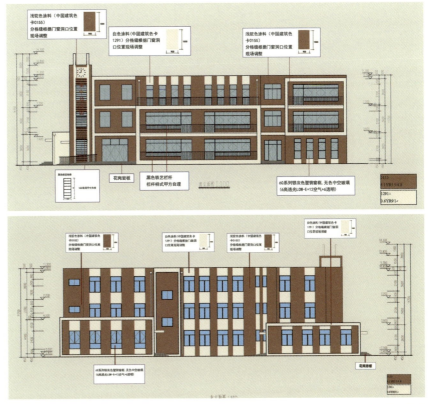

立面材质图

灵寿县北伍河幼儿园

项目地点： 石家庄市灵寿县北伍河镇
设计时间： 2014年
用地面积： 4746.00m²
建筑面积： 989.46m²
班级规模： 3班
设计阶段： 方案、施工图设计

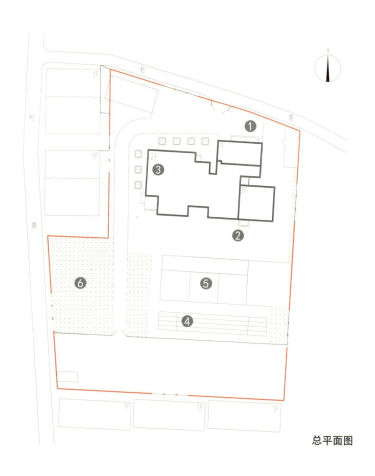

总平面图

① 主要出入口　② 次要出入口　③ 教学楼
④ 30m跑道　⑤ 班级活动场地　⑥ 种植园

此项目位于灵寿县慈峪镇学区，建设项目用地东侧为空地，西侧为民居，南侧为民居，北侧为混凝土道路，项目周边环境优美，适宜该项目建设。

本工程设计规模为四个班幼儿园，总建筑面积989.46m²，容积率0.21，符合《幼儿园建设标准》建标175—2016的要求。设计功能包含了门厅、保健隔离室、每班78m²合用活动室（兼寝室）、每班36m²卫生间与衣帽间、办公室、会议室、后勤用房、洗衣间等房间。

南立面效果图

北立面效果图

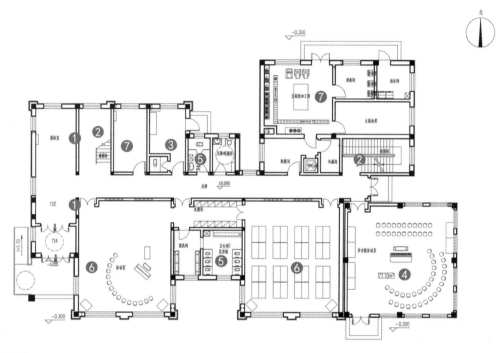

一层平面图

❶ 门厅、晨检厅
❷ 楼梯间
❸ 保健室、观察室
❹ 音体活动室
❺ 卫生间
❻ 标准教室
❼ 办公室、会议室

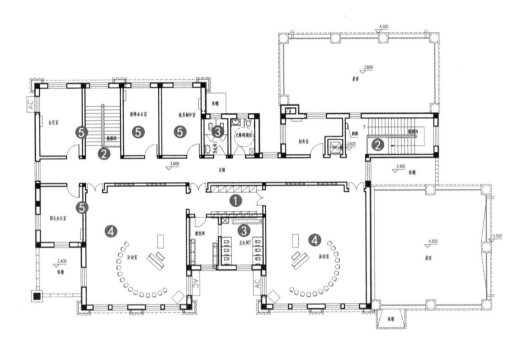

二层平面图

1. 门厅、晨检厅
2. 楼梯间
3. 卫生间
4. 标准教室
5. 办公室、会议室

人视效果图

灵寿县孟托幼儿园

项目地点：石家庄市灵寿县东合村
设计时间：2017年
用地面积：3338.00m²
建筑面积：1611.40m²
班级规模：6班
设计阶段：方案、施工图设计

此项目建设地点位于灵寿县灵寿镇，东侧为村路、西侧为空地、南侧为住宅区、北侧为卫生室。项目周边交通便利，基础设施齐全，适宜建设该项目。

本工程教学楼，地上共三层，砖混结构局部框架结构，设计为6个班的幼儿园，总建筑面积1611.4m²。

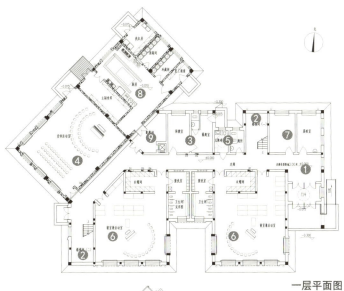

一层平面图

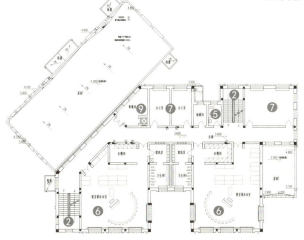

二层平面图

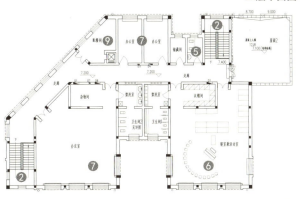

三层平面图

1 门厅、晨检厅
2 楼梯间
3 保健室、观察室
4 音体活动室
5 卫生间
6 标准教室
7 办公室、会议室
8 后勤厨房
9 配餐间

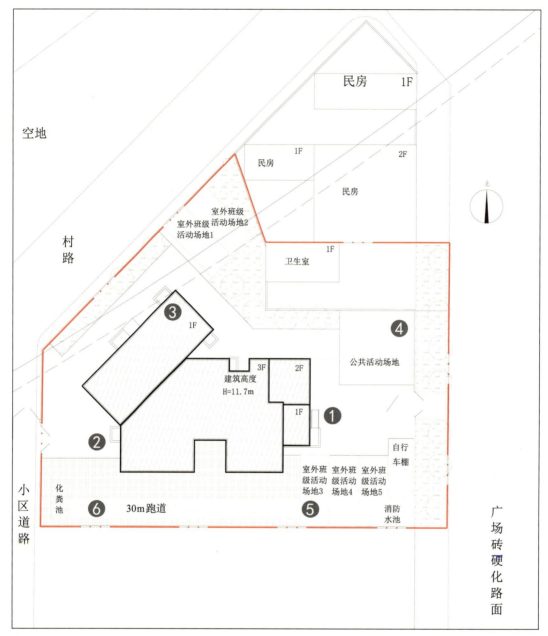

总平面图

① 主要出入口　② 次要出入口　③ 教学楼
④ 公共活动场地　⑤ 室外班级活动场地　⑥ 30m跑道

灵寿县寨头中心幼儿园

项目地点： 石家庄市灵寿县寨头镇
设计时间： 2018年
用地面积： 6573.60m²
建筑面积： 866.00m²
班级规模： 5班
设计阶段： 方案、施工图设计

效果图

此项目位于灵寿县寨头学区，原寨头幼儿园园内，新建5班幼儿园，结构形式采用砖混结构。

总建筑面积为866m²，本次设计功能包含了门卫、保健隔离室、每班79m²合用活动室（兼寝室）、每班30m²卫生间与衣帽间、办公室、会议室、后勤用房、洗衣间等。

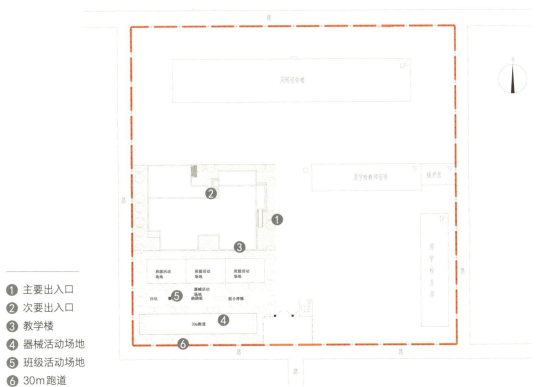

① 主要出入口
② 次要出入口
③ 教学楼
④ 器械活动场地
⑤ 班级活动场地
⑥ 30m跑道

总平面图

人视效果图

灵寿县岔头镇西岔头幼儿园

项目地点：石家庄市灵寿县岔头镇
设计时间：2020年
用地面积：4341.28m²
建筑面积：1566.18m²
班级规模：4班
设计阶段：方案、施工图设计

本项目是将原西岔头小学教学楼改为幼儿园用房的改造项目，西岔头小学教学楼为三层单面楼，约在2015年进行了加固改造，本次在原结构基础上重新优化平面功能，改造为适合幼儿生活学习的空间。原建筑面积为1426.86m²；改造后建筑面积为1566.18m²，可容纳4个幼儿班教学。

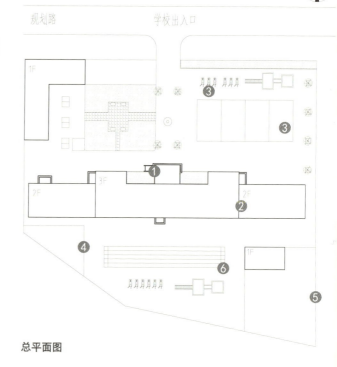

总平面图

① 主要出入口　② 教学楼　③ 公共活动场地
④ 沙坑　⑤ 动物饲养园　⑥ 30m跑道

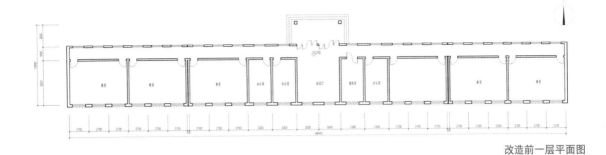

改造前一层平面图

改造后一层平面图

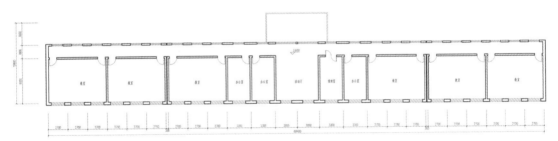

改造前二层平面图

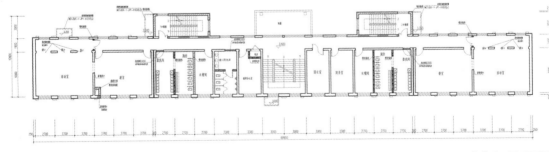

改造后二层平面图

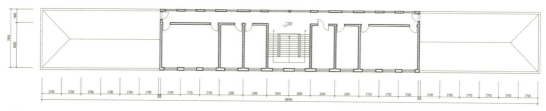

改造前三层平面图

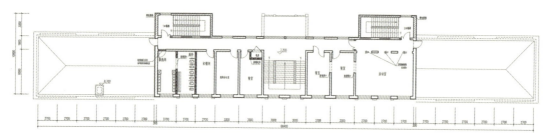

改造后三层平面图

人视效果图

人视效果图

灵寿县狗台中心幼儿园

项目地点: 石家庄市灵寿县
设计时间: 2020年
用地面积: 1967.88m²
建筑面积: 990.01m²
班级规模: 2班
设计阶段: 方案、施工图设计

此项目建设地点位于灵寿县南狗台村,项目用地东侧为现状民居、西侧为道路、南侧为空地、北侧为道路,适宜本项目的建设。

本工程共设计两个班幼儿园,总建筑面积为962.94m²,容积率为0.48,符合《幼儿园建设标准》建标175—2016的要求。设计功能包含了门厅、保健隔离室、每班设置82m²活动室、82m²寝室、36m²卫生间与衣帽间,以及办公室、会议室、后勤用房、洗衣间等房间。

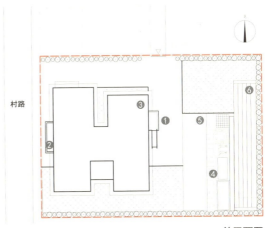

总平面图

❶ 主要出入口　❷ 次要出入口　❸ 教学楼
❹ 公共活动区　❺ 班级活动场地　❻ 30m跑道

后记

一所从大学成长起来的设计院

中铁建安工程设计院有限公司始建于1978年,前身为石家庄铁道学院建筑设计院,2013年由中铁二十局集团有限公司与石家庄铁道大学联合重组,2014年正式更名为中铁建安工程设计院有限公司。

石家庄铁道大学前身是中国人民解放军铁道兵工程学院,创建于1950年,汇集军队、国家部委和地方院校优势于一身,形成了"慎思明辨·知行合一"的校训和"军魂永驻、校企结合、育艰苦创业人"的鲜明办学特色,学校长期坚持服务国家及地方重大工程需要,在建筑土木工程、隧道施工新技术及环境控制、国防交通应急工程、大型结构健康诊断、交通环境与安全工程、虚拟现实技术等研究方向独具特色。

中铁二十局集团有限公司前身为中国人民解放军铁道兵第十师,目前是我国特大型跨行业、跨区域、跨国经营的国际化施工企业,具有铁路工程总承包特级、市政公用工程总承包特级、公路工程总承包特级、水利水电工程施工总承包一级资质,以及桥

梁、隧道等多项专业工程施工承包资质，且拥有铁道行业甲（Ⅱ）、市政行业、公路行业甲级设计资质，年工程承包额达350多亿元。

中铁建安工程设计院有限公司目前具有：建筑行业（建筑工程）甲级、市政行业（桥梁工程）甲级、岩土工程勘察甲级、建筑工程咨询、规划、景观园林等资质。注册资本金5000万元，获得GB/T 19001—ISO9001质量体系认证。公司现有各类专业技术人员260余人，其中教授级高工20人，高级工程师52人；各类国家注册工程师30余人。公司组织机构下设：综合办公室、人力资源部、经营计划部、财务部、总工办、市政所、建筑所、绿色建筑研究室、勘察所、铁路所等部室。公司总部位于河北省省会石家庄市，分公司分别位于陕西省省会西安市、河南省省会郑州市，在重庆、昆明等地设有业务办事处。公司依托中铁二十局集团有限公司及石家庄铁道大学的人才优势，充分利用双方在铁路、市政桥梁、地下工程、民用建筑等行业的技术优势，保持军队求真务实的优良作风，积极为地方经济建设服务。

本书编委会